工程训练

主 编 邹 永
副主编 赵 元 刘业峰 张丽丽
        苏忠辉 杨玉芳

北京理工大学出版社
BEIJING INSTITUTE OF TECHNOLOGY PRESS

内容简介

本书主要介绍了各种传统加工的方式及方法与安全操作规程，对传统工业加工做了一个全新的、系统的介绍。在编写形式上采用项目、任务驱动式，方便进行项目性教学。全书共 8 个项目，内容涵盖各类生产加工刀具的认识、传统钳工生产加工的安全规程及加工方式、回转类零件的车削加工、电火花线切割精密加工介绍、传统铣削加工加工组合件（套）方式、精密磨削加工方式及安全操作规程、焊接技术的发展与应用、数控技术的应用与加工。

版权专有　侵权必究

图书在版编目（CIP）数据

工程训练／邹永主编．－－北京：北京理工大学出版社，2019.7（2024.7 重印）

ISBN 978-7-5682-7350-3

Ⅰ．①工⋯　Ⅱ．①邹⋯　Ⅲ．①机械制造工艺　Ⅳ．①TH16

中国版本图书馆 CIP 数据核字（2019）第 167665 号

责任编辑：高　芳　　　文案编辑：赵　轩
责任校对：杜　枝　　　责任印制：李志强

出版发行 ／ 北京理工大学出版社有限责任公司
社　　址 ／ 北京市丰台区四合庄路 6 号
邮　　编 ／ 100070
电　　话 ／ （010）68914026（教材售后服务热线）
　　　　　（010）68944437（课件资源服务热线）
网　　址 ／ http://www.bitpress.com.cn

版 印 次 ／ 2024 年 7 月第 1 版第 3 次印刷
印　　刷 ／ 唐山富达印务有限公司
开　　本 ／ 787 mm×1092 mm　1/16
印　　张 ／ 10
字　　数 ／ 236 千字
定　　价 ／ 32.00 元

图书出现印装质量问题，请拨打售后服务热线，负责调换

前言

　　工程训练是培养学生实践能力的有效途径。基于此，学生应给予这门课程足够的重视，提升自身的动手能力，掌握基本的机械加工流程和方法，为以后学习设计相关机械产品和加工零件打下坚实的基础。

　　本书的编写主要着眼于工程训练的基本知识和应知应会，务使学生在理论学习的基础上掌握实际技能的操作。通过工程训练，学生可以：熟悉机械制造的一般过程，掌握金属加工的主要工艺方法和工艺过程；熟悉各种设备和工具的安全操作方法；了解新工艺和新技术在机械制造中的应用；培养简单零件加工方法选择和工艺分析的能力；培养认识图纸、加工符号及了解技术条件的能力。

　　本书由沈阳工学院邹永担任主编，参加本书编写的还有沈阳工学院赵元、刘业峰、张丽丽、苏忠辉、杨玉芳。

　　本书在编写过程中引用了大量的有关文献、资料的内容，或未能一一列出，谨在此一并表示感谢。由于编者水平有限，书中难免有疏漏、错误之处，敬请读者批评指正。

编　者
2019 年 3 月

目 录
Contents

项目一 刀具、切削液及量具 …………………………………………………………… (1)

    任务一 刀具材料 ………………………………………………………………… (1)

        知识点一 刀具材料及其选用 ……………………………………………… (1)

        知识点二 刀具材料应具备的性能 ………………………………………… (1)

        知识点三 常用刀具材料 …………………………………………………… (2)

    任务二 切削液 …………………………………………………………………… (3)

        知识点一 切削液的作用 …………………………………………………… (3)

        知识点二 常用切削液及其选用 …………………………………………… (4)

    任务三 刀具寿命 ………………………………………………………………… (6)

        知识点一 刀具寿命的概念 ………………………………………………… (6)

        知识点二 刀具磨损的原因 ………………………………………………… (6)

        知识点三 刀具磨损的形式和过程 ………………………………………… (7)

    任务四 常用计量器具 …………………………………………………………… (8)

        知识点一 游标卡尺 ………………………………………………………… (8)

        知识点二 百分尺 …………………………………………………………… (10)

    任务五 百分表 …………………………………………………………………… (11)

        知识点一 百分表的结构和使用方法 ……………………………………… (11)

        知识点二 杠杆百分表的结构及使用方法 ………………………………… (12)

        知识点三 内径百分表 ……………………………………………………… (13)

    任务六 游标万能角度尺 ………………………………………………………… (14)

        知识点一 游标万能角度尺的结构 ………………………………………… (14)

        知识点二 游标万能角度尺的使用 ………………………………………… (15)

    任务七 塞规及卡规 ……………………………………………………………… (15)

        知识点一 塞规及卡规的使用 ……………………………………………… (16)

项目二 钳 工 …………………………………………………………………………… (18)

    任务一 钳工的工作场地及常用设备 …………………………………………… (18)

        知识点一 台虎钳 …………………………………………………………… (18)

知识点二　砂轮机 …………………………………………………………………(19)
　　知识点三　台　钻 …………………………………………………………………(20)
　　知识点四　立　钻 …………………………………………………………………(20)
　　知识点五　摇臂钻床 ………………………………………………………………(21)
任务二　划　线 ……………………………………………………………………………(22)
　　知识点一　划线工具 ………………………………………………………………(22)
　　知识点二　划线基准的确定 ………………………………………………………(26)
　　知识点三　立体划线实例 …………………………………………………………(28)
　　知识点四　万能分度头在划线工作中的应用 ……………………………………(30)
任务三　锉　削 ……………………………………………………………………………(32)
　　知识点一　锉刀的保养 ……………………………………………………………(33)
　　知识点二　工件的装夹 ……………………………………………………………(33)
　　知识点三　锉削方法 ………………………………………………………………(34)
任务四　锯　削 ……………………………………………………………………………(35)
　　知识点一　锯条的安装 ……………………………………………………………(36)
　　知识点二　锯削基本方法 …………………………………………………………(36)
　　知识点三　各种材料的锯削方法 …………………………………………………(37)
任务五　钻孔、铰孔 ………………………………………………………………………(38)
　　知识点一　钻　孔 …………………………………………………………………(38)
　　知识点二　钻头的刃磨和修磨 ……………………………………………………(39)
　　知识点三　铰　孔 …………………………………………………………………(42)
任务六　攻螺纹 ……………………………………………………………………………(45)
　　知识点一　丝　锥 …………………………………………………………………(45)
　　知识点二　铰　杠 …………………………………………………………………(46)
　　知识点三　攻螺纹工艺 ……………………………………………………………(46)

项目三　车削加工 …………………………………………………………………………(49)
　任务一　基本知识 ………………………………………………………………………(49)
　　知识点一　安全操作要求 …………………………………………………………(49)
　　知识点二　车床的功能 ……………………………………………………………(50)
　　知识点三　车　床 …………………………………………………………………(50)
　　知识点四　刻度盘原理 ……………………………………………………………(52)
　　知识点五　普通车床附件 …………………………………………………………(52)
　　知识点六　常用刀具 ………………………………………………………………(52)
　　知识点七　车刀主要几何角度 ……………………………………………………(52)
　　知识点八　车刀的刃磨 ……………………………………………………………(54)
　　知识点九　切削运动和切削用量 …………………………………………………(55)
　　知识点十　粗车与精车 ……………………………………………………………(55)

知识点十一　试车 ………………………………………………………………… (56)
　　知识点十二　车床的日常维护保养 …………………………………………… (56)
任务二　车削加工前的准备 …………………………………………………………… (56)
　　知识点一　确认图纸技术要求 ………………………………………………… (56)
　　知识点二　确定工序 …………………………………………………………… (56)
　　知识点三　选择工具、夹具、量具、刀具 …………………………………… (57)
　　知识点四　选择基准 …………………………………………………………… (57)
任务三　车削外圆 ……………………………………………………………………… (58)
　　知识点一　车刀的选择 ………………………………………………………… (58)
　　知识点二　刀具装夹 …………………………………………………………… (59)
　　知识点三　工件的装夹 ………………………………………………………… (60)
　　知识点四　切削用量的选择 …………………………………………………… (60)
　　知识点五　车削操作 …………………………………………………………… (60)
任务四　车端面、钻中心孔 …………………………………………………………… (61)
任务五　孔加工 ………………………………………………………………………… (61)
　　知识点一　钻孔 ………………………………………………………………… (61)
　　知识点二　镗孔 ………………………………………………………………… (63)
任务六　车削特形面 …………………………………………………………………… (63)
　　知识点一　车削特形面的方法 ………………………………………………… (64)
　　知识点二　特形面的检测 ……………………………………………………… (65)
任务七　车削圆锥面 …………………………………………………………………… (65)
　　知识点一　圆锥及其计算 ……………………………………………………… (65)
　　知识点二　车削内、外圆锥的方法 …………………………………………… (66)
　　知识点三　圆锥测量 …………………………………………………………… (68)
任务八　车槽与切断 …………………………………………………………………… (68)
　　知识点一　切断刀 ……………………………………………………………… (68)
　　知识点二　车槽与切断 ………………………………………………………… (69)
任务九　车削螺纹 ……………………………………………………………………… (69)
　　知识点一　螺纹 ………………………………………………………………… (69)
　　知识点二　螺纹的主要参数 …………………………………………………… (70)
　　知识点三　螺纹代号与标记（标注）………………………………………… (71)
　　知识点四　螺纹车刀 …………………………………………………………… (71)
　　知识点五　三角形螺纹的车削 ………………………………………………… (74)
　　知识点六　多线螺纹的车削 …………………………………………………… (75)
　　知识点七　螺纹测量 …………………………………………………………… (76)
任务十　滚花与滚压 …………………………………………………………………… (76)
　　知识点一　滚　花 ……………………………………………………………… (76)

知识点二　滚　压 ·· (77)

项目四　线切割技术 ·· (79)

　任务一　系统概述 ·· (79)

　　　知识点一　性能特点 ·· (79)

　　　知识点二　系统配置安装 ·· (80)

　任务二　系统操作 ·· (80)

　　　知识点一　开机与关机程序 ·· (80)

　　　知识点二　脉冲电源 ·· (81)

　　　知识点三　线切割机床控制系统 ·· (82)

　任务三　编　程 ··· (86)

　　　知识点一　CNC-10A 绘图式自动编程系统界面 ······························ (86)

　　　知识点二　CNC-10A 绘图式自动编程系统图标命令和菜单命令简介 ······ (87)

　任务四　加工控制 ·· (88)

　　　知识点一　电极丝的绕装 ·· (88)

　　　知识点二　工件的装夹与找正 ·· (89)

　　　知识点三　机床操作步骤 ·· (89)

　　　知识点四　机床安全操作规程 ·· (90)

　任务五　数控慢走丝电火花线切割机床的操作 ····································· (90)

　　　知识点一　操作要领 ·· (90)

　　　知识点二　实施少量多次切割 ·· (92)

　　　知识点三　合理安排切割路线 ·· (92)

　　　知识点四　正确选择切割参数 ·· (92)

　　　知识点五　控制上部导向器与工件的距离 ···································· (93)

　　　知识点六　安全操作规程 ·· (93)

　　　知识点七　日常维护及保养 ·· (93)

项目五　铣削加工 ··· (95)

　任务一　铣床 ·· (95)

　　　知识点一　卧式万能铣床 ·· (96)

　　　知识点二　立式升降台铣床 ·· (97)

　任务二　铣削基本方法 ··· (97)

　　　知识点一　铣平面 ·· (97)

　　　知识点二　铣沟槽及成形面 ·· (99)

项目六　磨削加工 ··· (101)

　任务一　砂　轮 ·· (101)

　　　知识点一　砂轮的种类 ·· (101)

　　　知识点二　砂轮的安装与修整 ·· (102)

任务二　万能外圆磨床 (103)
　　　知识点一　万能外圆磨床的组成及功用 (103)
　　　知识点二　液压传动原理 (104)
　　　知识点三　磨外圆 (105)
　　　知识点四　套类零件的磨削步骤举例 (106)
　　任务三　其他磨床的工作特点 (106)
　　　知识点一　平面磨床 (106)
　　　知识点二　内圆磨床 (108)
　　　知识点三　无心外圆磨床 (108)
项目七　焊　接 (109)
　　任务一　概述 (109)
　　　知识点一　分类 (109)
　　　知识点二　手工电弧焊 (109)
　　　知识点三　焊接电弧 (110)
　　　知识点四　电焊机 (111)
　　　知识点五　电焊条 (111)
　　　知识点六　手工电弧焊工艺 (113)
　　任务二　气焊与切割 (114)
　　　知识点一　气　焊 (114)
　　　知识点二　切　割 (115)
　　　知识点三　其他常用焊接方法 (117)
　　　知识点四　焊接缺陷及其检验方法 (120)
　　任务三　实训教学示例——焊接 (121)
项目八　数控机床概述 (125)
　　任务一　数控机床的组成及其功能 (125)
　　　知识点一　数控机床的组成 (125)
　　　知识点二　控制介质 (125)
　　　知识点三　数控系统 (125)
　　　知识点四　伺服系统 (125)
　　　知识点五　辅助控制系统 (126)
　　　知识点六　机床本体 (126)
　　任务二　数控机床的工作原理 (126)
　　　知识点一　逐点比较法直线插补 (126)
　　　知识点二　逐点比较法圆弧插补 (126)
　　任务三　数控编程基础 (127)
　　　知识点一　程序编制的内容和步骤 (127)
　　　知识点二　程序编制的方法 (127)

知识点三　程序的结构 …………………………………………………… (127)
　　知识点四　程序段格式 …………………………………………………… (128)
任务四　数控程序编制中的工艺分析 ……………………………………………… (130)
　　知识点一　数控加工工艺基本特点 ……………………………………… (130)
　　知识点二　对刀点和换刀点的确定 ……………………………………… (130)
　　知识点三　进给路线的选择 ……………………………………………… (130)
任务五　数控机床的坐标系统 ……………………………………………………… (130)
　　知识点一　建立坐标系的基本原则 ……………………………………… (130)
　　知识点二　机床坐标系 …………………………………………………… (131)
　　知识点三　工件坐标系 …………………………………………………… (132)
任务六　数控车床编程 ……………………………………………………………… (132)
　　知识点一　数控车床概述 ………………………………………………… (132)
　　知识点二　数控车床的基本组成 ………………………………………… (133)
　　知识点三　数控车床的加工特点 ………………………………………… (133)
　　知识点四　数控车床坐标系统 …………………………………………… (133)
　　知识点五　FANUC 系统数控车床程序的编制 ………………………… (134)
　　知识点六　车削固定循环 ………………………………………………… (136)
　　知识点七　螺纹切削 ……………………………………………………… (137)
　　知识点八　子程序 ………………………………………………………… (138)
任务七　数控铣床及加工中心编程基础 …………………………………………… (139)
　　知识点一　概述 …………………………………………………………… (139)
　　知识点二　数控铣床及加工中心的分类 ………………………………… (139)
　　知识点三　数控铣床及加工中心的功能特点 …………………………… (140)
　　知识点四　数控铣床及加工中心坐标系统 ……………………………… (140)
　　知识点五　FANUC 系统加工中心编程原理 …………………………… (140)
　　知识点六　准备功能指令 ………………………………………………… (141)
　　知识点七　主轴及辅助功能指令 ………………………………………… (143)
　　知识点八　进给功能指令 ………………………………………………… (144)
　　知识点九　固定循环切削功能指令 ……………………………………… (144)

参考文献 ………………………………………………………………………………… (147)

项目一
刀具、切削液及量具

任务一 刀具材料

知识点一 刀具材料及其选用

刀具材料主要指刀具切削部分的材料。刀具的切削性能直接影响着生产效率、加工质量和生产成本;而刀具的切削性能,首先取决于切削部分的材料,其次是几何形状及刀身结构的选择和设计。

知识点二 刀具材料应具备的性能

性能优良的刀具材料是保证刀具高效工作的基本条件。刀具切削部分在强烈摩擦、高压、高温的环境下工作,应具备如下的基本要求。

1. **高硬度和高耐磨性**

刀具材料的硬度必须高于被加工材料才能切下金属,这是刀具材料必备的基本要求,现有刀具材料硬度都在60HRC以上。刀具材料越硬,其耐磨性越好,但由于切削条件较复杂,材料的耐磨性还取决于其化学成分和金相组织的稳定性。

2. **足够的强度与冲击韧性**

强度是指抵抗切削力的作用而不至于刀刃崩碎与刀杆折断所应具备的性能,一般用抗弯强度来表示。

冲击韧性是指刀具材料在间断切削或有冲击的工作条件下保证不崩刃的能力。一般来说,硬度越高,冲击韧性越低、材料越脆。硬度和韧性相当于一对矛盾,也是刀具材料应克服的一个关键问题。

3. **高耐热性**

耐热性又称红硬性,是衡量刀具材料性能的主要指标。耐热性综合反映了刀具材料在高温下保持硬度、耐磨性、强度的能力,以及抗氧化、抗黏结和抗扩散的能力。

4. 良好的工艺性和经济性

为了便于制造，刀具材料应有良好的工艺性，如锻造、热处理及磨削加工性能。此外，在制造和选用刀具材料时应综合考虑其经济性。目前超硬材料及涂层刀具材料费用都较高，但使用寿命很长，在成批大量生产中，分摊到每个零件中的费用反而有所降低。因此，在选用刀具材料时一定要综合考虑其工艺性和经济性。

知识点三　常用刀具材料

常用刀具材料有工具钢、高速钢、硬质合金、陶瓷和超硬刀具材料，目前用得最多的为高速钢和硬质合金。

1. 高速钢

高速钢是一种加入了较多钨、铬、钒、钼等合金元素的高合金工具钢，有良好的综合性能。高速钢的制造工艺简单，容易刃磨出锋利的切削刃；其锻造、热处理变形小，目前在复杂刀具（如麻花钻、丝锥、拉刀、齿轮刀具和成形刀具）的制造中仍占有主要地位。

高速钢可分为普通高速钢和高性能高速钢。

普通高速钢（如W18Cr24V）广泛用于制造各种复杂刀具，其切削速度一般不太高，切削普通钢料时为40~60 m/min。

高性能高速钢（如W12Cr4V4Mo）是在普通高速钢中再增加一些碳、钒、钴、铝等元素冶炼而成的，它的耐用度为普通高速钢的1.5~3倍。

2. 粉末冶金高速钢

粉末冶金高速钢是20世纪70年代投入市场的一种高速钢，其强度与韧性相比普通高速钢分别提高30%~40%和80%~90%，耐用度可提高2~3倍。

粉末冶金高速钢是用高压氩气或纯氮气雾化熔融的高速钢水，直接得到细小的高速钢粉末，经高温高压制成刀具形状或毛坯。因此，其碳化物晶粒细小，分布均匀。粉末冶金高速钢热处理后变形小，硬度、耐热性、耐磨性显著提高，磨削加工性能好；不足之处是成本高。因此，它主要用于制造断续切削刀具和精密刀具，如齿轮滚刀、拉刀和成形铣刀等。

3. 硬质合金

硬质合金由难熔金属碳化物（如WC、TiC、TaC、NbC）等和金属黏结剂（如Co、Ni等）经过粉末冶金方法制成。硬质合金的特点是硬度很高，可达89~94HRA（相当于74~82HRC）。其耐磨性和耐热性也好，所允许的工作温度可达800~1 000℃，甚至更高。所以，其允许的切削速度比高速钢高几倍到几十倍，可用于高速强力切削和难加工材料的切削加工。硬质合金的缺点是抗弯强度较低，冲击韧性较差，工艺性也较高速钢差得多。因此，硬质合金多用于制造简单的高速切削刀具，用粉末冶金工艺制成一定规格的刀片镶在或焊在刀体上。硬质合金的类别与牌号如下。

（1）常用硬质合金

常用的硬质合金以碳化钨（WC）为主要成分，根据是否加入其他碳化物，其分为以下几类。①钨钴类硬质合金（YG），主要成分是碳化钨和黏结剂钴（Co），常用的牌号有YG3、YG6、YG8等。钨钴类硬质合金主要适用于加工脆性材料，如铸铁、有色金属及非金属材料。钨钴类硬质合金中，含钴量多的韧性较好，适用于粗加工；含钴量少的韧性较差，适用于精加工。②钨钛钴类硬质合金，主要适用于高速切削常用的塑性材料，如钢等。钨钛钴类硬质合金中，含钴量多的适用于粗加工；含钴量少的适用于精加工。③钨钛钽（铌）钴类硬质合金，主要适用于加工难切削材料和连续表面。④碳化钛（TiC）基硬质合金，主要适用于连续精加工合金钢、工具钢、淬硬钢等材料。

（2）钢结硬质合金

钢结硬质合金是以 TiC、WC 作硬质相，以高速钢作黏结剂组成的一种新型刀具材料，其性能介于高速钢和硬质合金之间。钢结硬质合金烧结体经退火后可进行切削加工，经淬火后具有与硬质合金相当的高硬度（69~73HRC）和较好的耐磨性，可进行锻造和焊接，可用于制造拉刀、铣刀、钻头等形状复杂、耐用度高的刀具。

（3）超细晶粒硬质合金

超细晶粒硬质合金，指 WC 晶粒尺寸在 0.5μm 以下、Co 晶粒尺寸在 0.2~0.4μm 之间的硬质合金。其硬度高、韧性好，可用于加工高温合金或高强度合金等难加工材料。

（4）涂层硬质合金

在韧性好的硬质合金基体上，用气相沉积法等涂覆一层几微米厚硬度高、耐磨性好的金属化合物（如 TiC、TiN、ZrC 等）而制成的刀具材料就是涂层硬质合金。这种材料制成的刀片适用于无冲击的半精加工和粗加工。

4. 其他新型刀具材料

随着科学技术的发展，人们不断研制出许多新型的刀具材料，如陶瓷、金属陶瓷、聚晶金刚石、立方氮化硼等超硬材料。这些材料制成的刀片可用于精加工、超精加工或对特殊材料进行加工，其生产效率和加工质量都很高。

任务二 切削液

在金属切削加工中，合理选用切削液可以减少切削过程中的摩擦，从而降低切削力和切削温度，减少工件的热变形。这对提高加工表面质量、加工精度和刀具耐用度起着重要的作用。

知识点一 切削液的作用

切削液主要起冷却、润滑、清洗和防锈的作用。

1. 冷却作用

切削液浇注到切削区域后，通过其热传递和汽化使切削刀具和工件的温度降低，从而起到冷却作用。冷却的主要目的是使切削区切削温度降低，尤为重要的是降低前刀面上的最高温度。切削液冷却作用的好坏，取决于它的导热系数、比热容、汽化热、汽化速度、流量、流速等。一般来说，水溶液的冷却性能最好，油类最差，乳化液介于两者之间，而三乙醇接近于水溶液。实验表明：车削时，如切削液从刀具的主后刀面向上方喷射至切削刃，冷却效果较好，因而应避免从前刀面处向下方喷射切削液。冷却时要充分扩大冷却范围，冷却的方法有喷雾冷却法和内冷却法等。

2. 润滑作用

切削加工时，切削液渗透到刀具与切削工件的接触表面之间形成边界润滑，从而起到润滑作用。所谓边界润滑，就是在切削时刀具前刀面与切屑接触，接触表面间压力较大、温度较高，使部分润滑膜厚度逐渐变薄，直到消失，造成金属表面波峰直接接触；而其余部位仍保持着润滑膜，从而减小金属直接接触面积，降低摩擦因数。切削液的润滑性能直接与所形成润滑膜的牢固程度有关。边界润滑形成的润滑膜具有物理吸附和化学吸附两种性质。物理吸附润滑膜主要是靠切削液中的油性添加剂（如动植物油及油酸、胺类、醇类或脂类中极性分子）吸附形成。油性添加剂主要应用于低压、低温状态下的边界润滑。在高压、高温边界润滑状态下（即极压润滑状态下），切削液中必须添加极压添加剂形成另一种性质的润滑膜。常用的极压添加剂是含硫、磷、氯、碘等的有机化合物，如硫化动植物油、硫化烯烃、氯化石蜡、氯化脂肪酸、脂酸、有机磷酸酯和硫化磷酸锌等。这些化合物与金属表面起化学反应，生成新的化合物薄膜，如硫化铁、氯化亚铁、氧化铁、磷酸铁等润滑膜，使边界润滑层有较好的润滑作用。

3. 清洗作用

浇注切削液能冲走在切削过程中产生的较细碎屑或磨粒，从而起到清洗加工表面和机床导轨面的作用。

4. 防锈作用

在切削液中加入防锈添加剂（如亚硝酸钠、磷酸三钠、三乙醇胺和石油磺酸钡）使金属表面生成保护膜，可使机床、工件不受空气、水分和酸等介质的腐蚀，从而起到防锈作用。

知识点二 常用切削液及其选用

常用切削液有水溶液、乳化液和切削油3大类。

1. 水溶液

水溶液的主要成分是水，并加入防锈添加剂，主要起冷却作用。表面活性水溶液是一种常用的水溶液，用于精车和铰孔等，可用94.5%的水、4%的肥皂和1.5%的无水碳酸钠配制而成。

2. 乳化液

乳化液是将乳化油用水稀释而成的。乳化油是由矿物油、乳化剂及添加剂配成的，如三乙醇胺油酸皂、69-1防锈乳化油和极压乳化油等。按乳化油的含量可配制不同浓度的乳化液，低浓度乳化液主要起冷却作用，适用于粗加工；高浓度乳化液主要起润滑作用，适用于精加工和复杂工序加工。

3. 切削油

切削油有机械油、轻柴油、煤油等矿物油，还有豆油、菜籽油、蓖麻油、猪油、鲸油等动植物油。纯矿物油润滑效果一般,动植物油仅适用于低速精加工。普通车削、攻螺纹可选用机械油;精加工有色金属和铸铁时,应选用黏度小、润滑性好的煤油与其他矿物油的混合油;自动机床可选用黏度小、流动性好的轻柴油。在切削油中加入硫、氯和磷等极压添加剂后,能显著提高润滑和冷却作用,这在精加工、关键工序和难加工材料切削时尤为重要。

总之,切削液应根据工件材料、刀具材料、加工方法和加工要求进行选用,若选用不当就得不到应有的效果。表1-1所示为常用切削液的配方,表1-2所示为切削液选用推荐表,供读者参考。

表1-1 常用切削液的配方

使用代号	配方序号	组成	质量百分比/%	使用说明
5	7	10号或20号机械油 石油磺酸钡	95~98 2~5	
	8	煤油 石油磺酸钡	98 2	清洗性好
6	9	煤油		
7	10	硫化切削油 10号或20号机械油		比例按需要调配
	11	硫化切削油 煤油 油酸 10号或20号机械油	30 15 30 25	
8	12 (极压切削油)	氯化石蜡 二烷基二硫化带磷酸锌 5号或7号高速机油	20 1 余量	加工后需进行清洗防锈
	13 (极压切削油)	环烷酸铅 氯化石蜡 石油磺酸钡 7号高速机油 20号机械油	6 10 0.5 10 余量	
	14 (F43切削油)	氯化石油脂钡皂 二烷基二硫化带磷酸锌 石油磺酸钙 石油磺酸钡 5号高速机油 二硫化钼	4 4 4 4 83.5 0.5	用于不锈钢、合金钢的螺纹加工,可得到较好的效果

表 1-2 切削液选用推荐表

工件材料		碳钢、合金钢		不锈钢		高温合金		铸铁		铜及其合金		铝及其合金	
刀具材料		高速钢	硬质合金	高速钢	硬质合金	高速钢	硬质合金	高速钢	硬质合金	高速钢	硬质合金	高速钢	硬质合金
加工方法	车削 粗加工	0.1.7	0.3.1	7.4.2	0.4.2	2.4.7	2.4	0.3.1	0.3	3.2	0.3.2	0.3	0.3
	车削 精加工	4.7	0.2.7	7.4.2	0.4.2	2.8.4	8.4	0.6	0.6	3	0.3.2	0.6	0.5
	铣削 端铣	1.2.7	0.3	7.4.2	0.4.2	2.7.4	0.8	0.3.1	0.3.1	3.2	0.3	0.3	0.3
	铣削 铣槽	4.2.7	7.4	7.4.2	7.4.2	2.8.4	8.4	0.6	0.6	3.2	0.3.2	0.5	0.6
	钻削	3.1	3.1	8.4.2	3.4.2	2.8.4	8.2	0.3.1	0.3.1	3.2	0.3	0.3	0.3
	铰削	7.8.4	7.8.4	8.7.4	3.4	8.7	8.7	0.5		5.7	0.5.7	0.5.7	0.5.7
	攻螺纹	7.8.4		8.7.4		8.7		0.6		5.7		0.5.7	
	拉削	7.4.8		8.7.4		8.7		0.3		5.3		0.3.5	
	滚、插齿	7.8		8.7		8.7		0.3		5.7		0.5.7	
	外圆磨（粗磨）	1.3		4.2		4.2		1.3		1		1	
	平面磨（精磨）	1.3		4.2		4.2		1.3		1		1	

注：本表中数字即表 1-1 的使用代号，其意义如下：

0——干切削；

1——润滑性不强的水溶液；

2——润滑性较好的水溶液；

3——普通乳化液；

4——极压乳化液；

5——普通矿物油；

6——煤油；

7——含硫、氯的极压切削油或动植物油；

8——含硫、氯、氯，氯、磷或硫、氯、磷的极压切削油。

任务三　刀具寿命

知识点一　刀具寿命的概念

一把刃磨好的刀具从开始切削至磨损量达到磨钝标准为止所使用的切削时间，称为刀具寿命。一把新的刀具从开始切削，经过反复刃磨、使用，直至完全失去切削能力而报废的实际总切削时间，称为刀具的总寿命。

知识点二　刀具磨损的原因

刀具磨损一般有机械磨损、相变磨损和化学磨损 3 种。

1. 机械磨损

在低温（200℃以下）低速的条件下，由于刀具与工件、刀具与切削表面间高低不平、交错而发生相对运动以致磨平，或由于工件、切削面上的某些硬质点把刀具表面划出沟纹，以及刀具上的微粒与工件、切削面上的微粒相互黏结而被带走等现象称为机械磨损。一般采用手工刀具切削时才会出现纯粹的机械磨损。

2. 相变磨损

相变磨损是刀具材料在切削速度为 40～50 m/min 时，因温度升高而发生金相组织变化，降低了硬度而造成的磨损。如高速钢在 550～630℃发生相变，工作温度如果超过这个区间，高速钢就发生相变磨损。

3. 化学磨损

当切削温度高于相变温度时，工件材料与刀具材料中的某些元素（如铁、钛、碳、钴、钨等）相互扩散到对方组织中而改变了材料的化学成分，使刀具材料变软或变脆，从而造成磨损。这种磨损叫作化学磨损（又称扩散磨损），主要发生在硬质合金刀具高速切削加工时。

知识点三　刀具磨损的形式和过程

1. 刀具磨损的三种形式

（1）后刀面磨损

后刀面磨损主要发生在后刀面上，磨损后形成磨损带。后刀面磨损量用磨损宽度值 VB 表示，如图 1-1（a）所示。

（2）前刀面磨损

前刀面磨损主要发生在前刀面上。磨损后，前刀面刃口附近出现月牙洼。前刀面磨损量用月牙洼的深度 KT 表示，如图 1-1（b）所示。前刀面磨损一般在切削塑性金属材料，且切削厚度较大和切削速度较快时发生。

（3）前、后刀面同时磨损

前、后刀面同时磨损是一种前刀面既有月牙洼，后刀面又有磨损带的综合磨损，在切削塑性金属且切削厚度为 0.1～0.5 mm 的情况下发生，如图 1-1（c）所示。

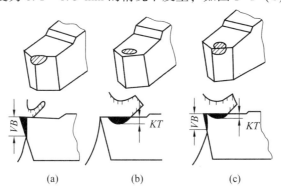

图 1-1　刀具磨损的形式

2. 后刀面磨损过程

后刀面磨损的全过程可用曲线表示，一般可分为3个阶段，如图1-2所示。

1）初期磨损阶段（OA段）：刀具开始切削时由于后刀面微观不平以及刃磨的刀具表层组织不耐磨，所以磨损较快。

2）正常磨损阶段（AB段）：刀具经过初期磨损阶段后，后刀面上的高低不平处及不耐磨表层组织已被磨去，接触面增大，单位压力减小，磨损速度较以前缓慢，磨损量随时间增加而逐渐增加。

3）急剧磨损阶段（BC段）：正常磨损后，刀具如不及时刃磨很快就钝化。这是由于当磨损量VB增大到某一数值以后，刀具跟工件的接触情况变差，摩擦和温度急剧上升，磨损量迅速增大。

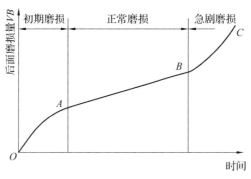

图1-2　后刀面磨损的全过程

任务四　常用计量器具

知识点一　游标卡尺

1. 游标卡尺的结构

分度值为0.02 mm的游标卡尺（图1-3）由尺身、制成刀口形的内外量爪、尺框、游标和深度尺组成。

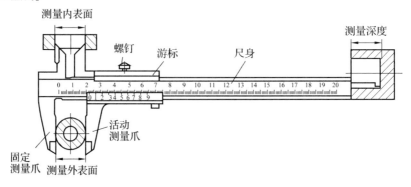

图1-3　游标卡尺

2. 刻线原理

0~0.2 mm 分度值游标卡尺尺身上的每大格长度为 1 mm，当两测量爪并拢时，尺身上的 49 mm 刻度线正好对准游标上的第 50 格的刻度线，如图 1-4 所示，则游标每格长度为（49÷50）mm = 0.98 mm；尺身与游标每小段刻度相差（1-0.98）mm = 0.02 mm。

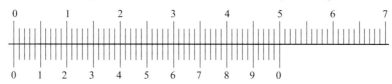

图 1-4　0.02 mm 游标卡尺刻线原理

3. 使用方法

1）测量前应将游标卡尺擦干净，量爪贴合后，游标的零线应和尺身的零线对齐。

2）测量时，所用的测力应使两量爪刚好接触零件表面。

3）测量时，防止卡尺歪斜。

4）在游标上读数时，避免视线误差。

下面以 0.02 mm 游标卡尺的尺寸读法为例（如图 1-5 所示），说明在游标卡尺上读尺寸时的步骤：

第一步——读整数，即读出游标零线左面尺身上的整毫米数；

第二步——读小数，即读出游标与尺身对齐刻线处的小数毫米数；

第三步——把两次读数加起来。

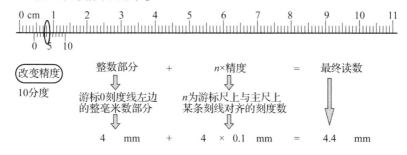

图 1-5　0.02 mm 游标卡尺

用游标卡尺测量工件时，应使卡尺逐渐靠近工件并轻微地接触，同时注意卡尺不要歪斜，以防读数产生误差。

4. 卡尺的维护

1）不要将卡尺放置在强磁场附近（如磨床的磁性工作台）。

2）卡尺要平放，尤其是大尺寸的卡尺，否则易弯曲变形。

3）卡尺使用后应擦拭清洁，并在测量面涂敷防锈油。

4）存放时，两测量面应保持 1 mm 距离并安放在专用盒内。

近年来，我国生产的卡尺在结构和工艺上均有很大改进，如无视差卡尺的游标刻线与尺身刻线相接，以减少视差；又如俗称的"四用卡尺"，还可用来测量工件的高度。另外，还有测量范围为 0~1 000 mm、0~2 000 mm 和 0~3 000 mm 的卡尺，其尺身采用截面为矩形的无缝钢管制成，这样既减轻了质量，又增强了尺身的刚性。为了防止紧固螺钉的脱落，防脱落工艺被广泛地采用。目前，非游标类卡尺（如带表卡尺、电子卡尺等）正在普及使用。

知识点二　百分尺

百分尺是一种精密量具。生产中常用的百分尺的测量精度为 0.01 mm，其精度比游标卡尺高，并且比较灵敏。因此，对于加工精度要求较高的零件尺寸，要用百分尺来测量。百分尺的种类很多，有外径百分尺、内径百分尺和深度百分尺等。其中，以外径百分尺用得最为普遍。

1. 百分尺的刻线原理及读数方法

测量范围 0~25 mm 的外径百分尺，如图 1-6 所示。弓架左端有固定砧座，右端的套筒（固定套筒）为主尺，在轴线方向上刻有一条中线（基准线），上、下两排刻线互相错开 0.5 mm，活动套筒（微分筒）为副尺，左端圆周上刻有 50 等分的刻线。活动套筒转动一圈，带动测微螺杆一同移动 0.5 mm，活动套筒每转动一格，测微螺杆沿轴向移动的距离为 0.5÷50＝0.01 mm。

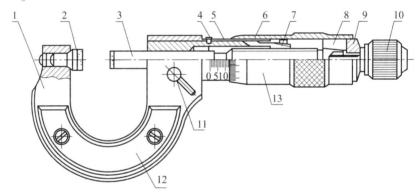

图 1-6　外径百分尺

1—弓架；2—固定砧座；3—测微螺杆；4—螺纹轴套；5—固定套筒；6—微分筒；7—调节螺母；
8—接头；9—垫片；10—测力装置；11—锁紧螺钉；12—绝热板；13—活动套筒

百分尺的读数方法为：被测工件的尺寸＝副尺所指的主尺上整数（应为 0.5 mm 的整倍数）+中线所指副尺的格数×0.01 mm。

读取测量数值时，要防止在主尺上多读或少读半格（0.5 mm）。百分尺的几种读数示例如图 1-7 所示。

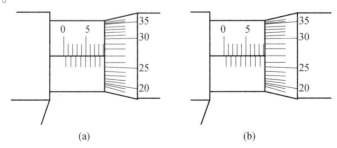

图 1-7　百分尺读数示例

（a）示例 1；（b）示例 2

2. 百分尺使用的注意事项

使用百分尺时应注意以下事项。

1）百分尺应保持清洁。使用前应先校准尺寸，检查活动套筒上零线是否与固定套筒上基准线对齐，如果没有对齐，必须进行调整。

2）测量时双手紧握百分尺，并旋转棘轮盘，直到棘轮发出"咔"声为止。左手握住弓架，用右手旋转活动套筒，如图1-8所示。

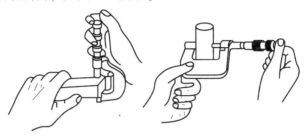

图1-8 百分尺的使用

3）从百分尺上读取尺寸时，可在工件未取下前进行读数，再松开百分尺、取下工件；也可将百分尺用锁紧螺钉锁紧，把工件取下后读数。

4）百分尺只适用于测量精确度较高的尺寸，不能测量毛坯面，更不能在工件转动时测量。

3. 百分尺的维护

1）当切削液浸入百分尺后，应立即用溶剂汽油或航空汽油清洗，并在螺纹轴套内注入高级润滑油，如透平油等。

2）使用后，应将百分尺测量面、测微螺杆圆柱部分以及校对用量杆测量面擦拭清洁，涂敷防锈油后，放入专用盒内。专用盒内不允许放置其他物品。

任务五 百分表

知识点一 百分表的结构和使用方法

1. 结构与传动原理

百分表（图1-9）是指示表中最常用的一类，其传动系统由齿轮、齿条等组成。测量时，带有齿条的测量杆上升带动小齿轮转动，小齿轮同轴的大齿轮及小指针也跟着转动。游丝的作用是迫使所有齿轮作单向啮合，以消除由于齿侧间隙而起的测量误差。弹簧是用来控制测量力的。

2. 测量原理

测量杆移动1 mm时，大指针（主指针）正好回转一圈。在百分表的表盘上沿圆周刻有 100 等分格,则其分度值为 0.01 mm,即测量时当大指针转过 1 格刻度时,表示尺寸变化 0.01 mm。

3. 使用方法

1)测量前,检查表盘和指针有无松动现象,检查指针的平稳性和稳定性。

2)测量时,测量杆应垂直于零件表面。如果测圆柱,测量杆还应对准圆柱轴中心,测量头与被测表面接触时,测量杆应预先有 0.3~1 mm 的压缩量,保持一定的初始测力以免由于存在负偏差而测不出值。

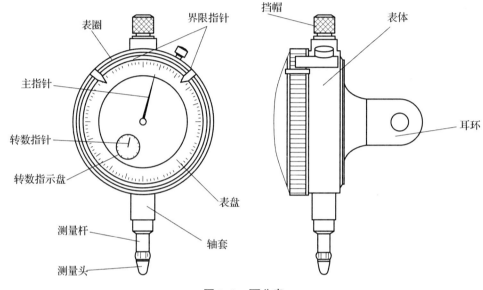

图 1-9 百分表

知识点二 杠杆百分表的结构及使用方法

1. 杠杆百分表的结构

杠杆百分表主要由测头、表体、换向器、夹持柄、指示部分和传动系统组成,如图 1-10 所示。杠杆百分表的表盘刻线是对称的,分度值为 0.01 mm。由于它的测量范围小于 1 mm,所以没有转数指示装置,转动表圈,可调整指针与表盘的相对位置。夹持柄用于装夹杠杆百分表。杠杆百分表的表盘安装在表体的侧面或顶面,分别称作侧面式杠杆百分表和端面式杠杆百分表。

2. 杠杆百分表的使用及注意事项

在使用杠杆百分表前应对其外观、各部分的相互作用进行检查,不应有影响使用的缺陷,并注意球面测头是否磨损,防止测杆配合间隙大而产生示值误差,可用手轻轻左右晃动测杆,观察指针变化,左右变化量不应超过分度值的一半。

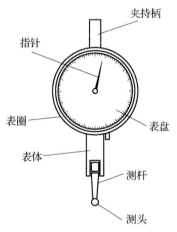

图 1-10 杠杆百分表

测量时,测杆的轴线应垂直于被测表面的法线方向,否则会产生测量误差。根据测量需要可扳动测杆来改变测量位置,还可扳动换向器改变测量方向。

知识点三　内径百分表

1. 内径百分表的结构

内径百分表主要由百分表、推杆、主体、转向装置（直角杠杆）和测头等组成,如图 1-11 所示。表体与直管连接成一体,指示表装在直管内并与传动杆接触,用紧固螺母固定。表体左端带有可换固定测头,右端带有活动测头和定位护桥,定位护桥的作用是使测量轴线通过被测孔直径。直角杠杆端与活动测头端与排杆接触。当活动测头沿其轴向移动时通过等臂杠杆（直角杠杆）推动推杆,使百分表指针转动。弹簧能使活动测头产生测力。

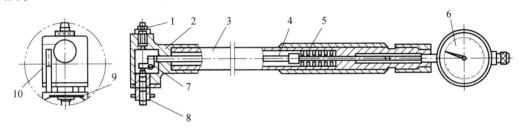

图 1-11　内径百分表

1—可换固定测头；2—三通管；3—表架套杆；4—传动杆；5—测力弹簧；6—百分表；
7—杠杆；8—活动测头；9—定位护桥（弦板）；10—定位弹簧

2. 内径百分表的使用及注意事项

1) 使用内径百分表之前,应根据被测尺寸选好测头,将经过外观、各部分相互作用示值稳定性检查合格的百分表装在弹簧夹头内,使百分表至少压下 1 mm,再紧固弹簧夹头,夹紧力不要过大,防止将百分表测杆夹死。

2) 测量前,应按被测工件的基本尺寸用千分尺、环规或量块及量块组合体来调整尺寸,又称校对零值。

3) 测量或校对零值时,应使活动测头先与被测工件接触。对于孔径,应在径向找最大值,轴向找最小值。带定位护桥的内径百分表只需在轴向找到最小值,即为孔的直径。对于两平行平面间的距离,应在上下左右方向上都找最小值。最大（小）值,反映在指示表上为左（右）拐点。

4) 被测尺寸的读数值应等于调整尺寸与指示表示值的代数和。要特别注意的是内径百分表的指示表针顺时针转动为"负",逆时针转动为"正",切勿读错。

5) 内径百分表不能测量薄壁件,因为内径百分表的定位护桥压力与活动测头都比较大,会引起工件变形,造成测量结果不准确。

3. 内径百分表的维护

1) 卸下百分表时,要先松开保护罩的紧固螺钉或弹簧卡头的螺母,防止损坏百分表。

2）不要使灰尘、油污和切削液等进入百分表的传动系统中。

3）使用后把百分表及其可换测头取下、擦净，并在测头上涂敷防锈油后放入专用盒内。

任务六　游标万能角度尺

知识点一　游标万能角度尺的结构

游标万能角度尺是测量角度的计量器具，在机械加工中用得比较广泛，它除了用来测量零件角度外，还可以进行角度划线。游标万能角度尺（如图1-12所示）主要由主尺、扇形板、直角尺和直尺组成，上面刻有90个分度和30个辅助分度，相邻两刻线之间的夹角是1°。主尺右端为基尺，主尺的背面沿圆周方向装有齿条，小齿轮与主尺背面的齿条啮合，这样可使主尺在扇形板的圆弧面和制动器的圆弧面间微动。也可不用微动装置，主尺仍能沿扇形板圆弧面与制动器圆弧面间移动。扇形板上装有游标，用卡块可把直尺或直角尺固定在扇形板上，也可把直尺固定在直角尺上，实现不同角度的测量。游标万能角度尺的分度值和测量范围如表1-3所示。

表1-3　游标万能角度尺的分度值和测量范围

分度值	刻度范围	测量范围
2′、5′	0°~50° 50°~140° 140°~230° 230°~320°	0°~320°

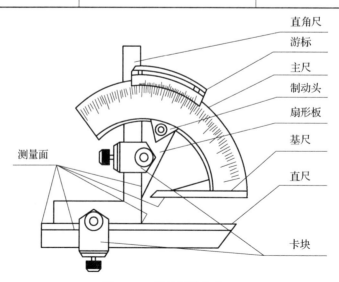

图1-12　游标万能角度尺

知识点二　游标万能角度尺的使用

1. 使用前的检查

1）检查外观。初步目测检查外观，游标万能角度尺不应有碰伤，刻线应清晰。

2）检查各部分的相互作用。直尺、直角尺装卸应顺利；制动器和卡块作用在任何位置时均应可靠；微动装置应有效；扇形板与直尺相对移动时应灵活、平稳。

3）检查零位正确性。装上直角尺后，使直尺、基尺测量面均匀接触，游标零刻线与主尺刻线以及游标尾刻线与主尺的相应刻线重合度不大于分度值的一半。

2. 游标万能角度尺的使用

游标万能角度尺能测量0°~320°的角度，如图1-12所示。利用卡块将直尺装在直角尺上可以测量不同角度。

3. 游标万能角度尺的维护

1）使用完毕应用溶剂汽油或航空汽油把游标万能角度尺洗净，用干净纱布仔细擦干并涂敷防锈油，然后分别将直尺、直角尺等放入专用盒内。

2）游标万能角度尺不得存放在阴暗潮湿的地方，以免生锈。

任务七　塞规及卡规

光滑极限量规（简称量规）适合检验500 mm以下、尺寸公差等级为IT6~IT12的工件的孔和轴的直径及相应公差等级的内、外尺寸。量规可分为检验孔用的塞规和检验轴用的卡规（环规）。量规又可分为工作量规、验收量规和校对量规。量规是一种没有刻度的专用量具，结构简单，使用方便，测量可靠。因此，量规在生产（特别是大批量生产）中被广泛应用。工作量规是指操作者在验收工件时所用的量规。校对量规是指检验、验收量规时所用的塞规（因为塞规在仪器上能方便而准确地进行测量，所以不用校对量规）。一副完整的量规是由"通"端和"止"端两个测量端组成，并分别用代号"T"和"Z"表示。"通"端用来控制工件的最大实体尺寸，即孔的最小极限尺寸或轴的最大极限尺寸。"止"端用来控制工件的最小实体尺寸，即孔的最大极限尺寸或轴的最小极限尺寸。当用量规检验时，如果"通"端能通过，"止"端不能通过，则可判定为合格品。量规的种类、被测件的公差等级及配合符号在量规上均有明显标志。量规的种类及用途如表1-4所示。从表1-4中可以看出，"校通"和"校止"都为通端塞规，因为它们都是防止"通""止"卡规尺寸过小的，所以没有不通过端，而且在实际工作中很少应用。"校止"和"校损"是用来检验工作卡规（环规）的部分磨损和完全磨损的，所以称止端量规。当卡规通过"校损"时就算完全磨损而报废。

表 1-4 量规的种类及用途

测量对象	量规种类	量规标态	量规形状	量规用途	量规基本尺寸	检验合格标志	附注
轴	工作量规	通	卡规	防止轴过大	ZAmax	通过	
		止	卡规	防止轴过小	ZAmax	不通过	
	验收量规	验通	卡规	防止轴过大	ZAmax	通过	
		验止	卡规	防止轴过小	ZAmax	不通过	
	校对量规	校通	塞规	防止"通"卡规尺寸过小	ZAmax	通过	无"不通过"
		校止	塞规	从部分磨损的"通"卡规中选"验通"	ZAmax	对"通规"不通过	仅用于IT11
						对"验通规"通过	低于IT11的精度
孔	工作量规	通	塞规	防止尺寸过小	KAmax	通过	
		止	塞规	防止尺寸过大	KAmax	不通过	
	验收量规	验通	塞规	防止尺寸过小	KAmax	通过	
		验止	塞规	防止尺寸过大	KAmax	不通过	
	校对量规	校损	塞规	防止"通"和"验通"卡规磨损较大	ZAmax	不通过	
		校止	塞规	防止"止"和"验止"卡规尺寸过小	ZAmax	通过	无"不通过"

知识点一 塞规及卡规的使用

1. 使用前的检查

1）核对塞规上的标志与工件的图纸。塞规与工件的尺寸和公差应相符合,并辨别塞规的"通"端或"止"端。在使用中不要混淆工作塞规、验收塞规和校对塞规。

2）检查塞规是否有影响使用准确度的外观缺陷,若测量面有碰伤、锈蚀和划痕时,可用天然油石打磨。

3）擦拭塞规时必须用清洁的棉纱或软布,工件上的毛刺、异物等要清除干净。

2. 使用及注意事项

1）使用塞规时,要轻拿轻放。检验时用力不能过大,不能硬塞、硬卡和任意转动,防止划伤塞规和工件表面。

2）检验时,塞规的轴线应与被检验工件的轴线重合,不要歪斜。

3）被检验工件的温度与塞规一致时,方可使用塞规。否则测量结果不可靠,甚至会发生塞规与工件过盈配合的现象。

4）塞规"通"端要在孔的整个长度上检测。塞规"止"端要尽可能在孔的两端进行检测，检验卡规"通"端和"止"端应沿被测轴的轴向方向和径向方向，在不少于4个位置上同时进行。

5）测孔通规最好采用全形塞规，测孔止规最好采用球端杆规，测轴通规最好采用环规，测轴止规最好采用卡规。由于塞规在使用和制造上的一些原因，当工件加工方法能保证被检验零件的形状误差不致影响配合性质时，允许使用偏离泰勒原则的量规。如孔长度小于工件的结合长度，大孔允许使用不全形的塞规或球端杆规；曲轴轴颈无法用环规检验时，允许用卡规代替；两点状止规的测量面允许用小平面、圆柱或球面代替；小孔用塞规的止规也可制成全形塞规（便于制造）；非刚性零件（如薄壁零件）的形状公差大于尺寸公差时，应采用直径等于最小实体尺寸的全形止规，而不用两点状止规。

项目二 钳 工

任务一 钳工的工作场地及常用设备

钳工的工作场地是一人或多人工作的固定地点。在工作场地内常用的设备有钳工桌、台虎钳、砂轮机、台钻、立钻和摇臂钻等。

钳工桌上面装有台虎钳,它是钳工工作的主要设备。钳工桌(如图2-1所示)用木料或钢材制成,其高度为800~900 mm,长度和宽度可随工作需要而定。钳工桌一般都有几个抽屉用来收藏工具。

图2-1 钳工桌

知识点一 台虎钳

台虎钳是用来夹持工件的通用夹具,如图2-2所示。台虎钳由钳体、底座、螺母、丝杠、钳口体等组成。活动钳身通过导轨与固定钳身的导轨作滑动配合。

1. 台虎钳的结构

固定钳身、活动钳身、夹紧盘和转盘座都是由铸铁制成的。转盘座上有3个螺栓孔,用以与钳

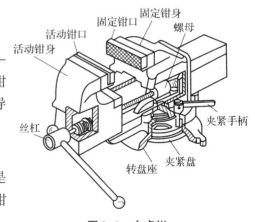

图2-2 台虎钳

工桌固定。固定钳身可在转盘座上绕轴心线转动,当其转到所需的方向时,扳动手柄使夹紧螺钉旋紧,便可在夹紧盘的作用下把固定钳身紧固。螺母与固定钳身相对固定,丝杠穿入活动钳身与螺母配合。摇动手柄使丝杠旋转,可带动活动钳身移动,起夹紧或放松工件的作用。弹簧靠挡圈固定在丝杠上,其作用是当放松丝杠时,可使活动钳身及时而平稳地退出。固定钳身和活动钳身上都装有钢质钳口,并用螺钉固定。钳口经过热处理淬硬,以延长使用寿命。钳口与工件相接触的工作表面上制有斜纹,使工件夹紧后不易产生滑动。

2. 台虎钳的正确使用和维护

1) 台虎钳安装在钳工桌上时,必须使固定钳身的钳口工作面处于钳工桌边缘之外,以保证夹持长条形工件时,工件的下端不受钳工桌边缘的阻碍。

2) 台虎钳必须牢固地固定在钳工桌上,两个夹紧螺钉必须锁紧,使钳身在工作时没有松动现象,否则容易损坏台虎钳和影响工件质量。

3) 夹紧工件时只允许依靠手的力量来扳动手柄,绝不允许用锤子敲击手柄或随意套上空心管来扳手柄,以防丝杠螺母或钳身因过载而损坏。

4) 在进行强力作业时,应尽量使作用力朝向固定钳身,否则将额外增加丝杠和螺母的载荷,造成螺纹的损坏。

5) 不要在活动钳身的光滑平面上进行敲击作业,以免降低活动钳身与固定钳身的配合性能。丝杠和螺母还有其他活动表面都要经常加油并清洁,以保持润滑和防止生锈。

知识点二　砂轮机

砂轮机用来刃磨錾子、钻头等刀具或样冲、划针等工具,也可用来磨去工件或材料上的毛刺、锐边等。砂轮机主要由砂轮、电动机和机体组成,如图2-3所示。为了减少尘埃污染,按环保要求砂轮机应带有吸尘装置。砂轮的质地硬而脆,工作时转速较高,因此使用砂轮机时应遵守安全操作规程。严防砂轮碎裂和造成人身伤害事故。

图2-3　砂轮机

工作时应注意以下几点:砂轮的旋转方向应正确,使磨屑向下方飞离砂轮;起动砂轮机后,待砂轮转数达到正常后再进行磨削,磨削时要防止刀具或工件对砂轮剧烈撞击或施加过大压力;砂轮外圆面同面缺动值较大时,应及时用修整器修整;砂轮机的托架与外圆间的距离一般保持在3 mm以内,否则容易使被磨工件伤人,造成事故;磨削时,操作者不要站立在砂轮机的对面,而应站在砂轮机的侧面或斜对面。

知识点三 台 钻

台式钻床是一种小型钻床，简称台钻。图 2-4 所示为典型台钻的结构。电动机通过五级变速带轮，使主轴可变五种转速。头架可在圆立柱上进行上下移动，并可绕圆立柱中心转到任意位置。如头架要放低，应先把保险环调节到适当位置，用锁紧螺钉把它锁紧，然后放松手柄，靠头架自重落到保险环处，再把手柄扳紧。工作台也可在圆立柱上进行上下移动，并可绕立柱转动到任意位置。当松开锁紧螺钉时，工作台在垂直平面内还可左右倾斜45°。

台钻灵活性较大、转速高、生产效率高、使用方便，是零件加工、装配和修理工作中常用的设备之一。但是由于其构造简单，变速部分直接用带轮变速，转速较高（一般在 400 r/min 以上），所以有些特殊材料或工艺需用低速加工的工件不适用。

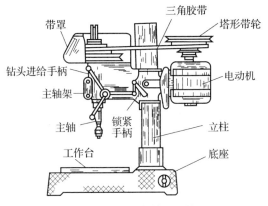

图 2-4 典型台钻的结构

知识点四 立 钻

立式钻床（立钻）一般用来钻中、小型工件上的孔，其最大钻孔直径规格有 25 mm、35 mm、40 mm 和 50 mm 等几种。由于立钻的结构较台钻完善，功率较大，又可实现机动进给，因此立钻可获得较高的生产效率和较高的孔加工精度。同时，立钻的主轴转速和机动进给量都有较大的变动范围，故可以适应不同材料的加工和进行钻孔、扩孔、铰孔和攻螺纹等多种工作。

图 2-5 所示为典型立钻的结构。立钻主要由主轴、变速箱、进给箱、工作台、立柱和底座等组成。在变速箱中装有主轴变速机构、主轴部件和进给变速操纵机构等，可使主轴获得所需的转速和进给量。加工时，工件直接或通过夹具安装在工作台上，刀具安装在主轴孔中，由电动机带动变速机构使主轴既旋转又作轴向进给运动。利用操纵手柄，能很方便地通过操纵机构实现手动快速升降、接通或断开机动进给、手动进给等操作。

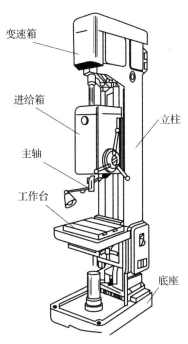

图 2-5 典型立钻的结构

知识点五　摇臂钻床

摇臂钻床是具有广泛用途的万能性机床，可以进行钻孔、扩孔、铰孔、锪平面和攻螺纹等加工。常用的摇臂钻床有 Z3030 和 Z3050 等型号。下面重点介绍 Z3050 摇臂钻床。

1. Z3050 摇臂钻床的规格和性能

Z3050 摇臂钻床的规格和性能如表 2-1 所示。

表 2-1　Z3050 摇臂钻床的规格和性能

最大钻孔直径（加工钢件）	50 mm
主轴中心线至立柱母线最大距离	1 500 mm
主轴中心线至立柱母线最小距离	450 mm
主轴下端面至底座工作面最大距离	1 500 mm
主轴下端面至底座工作面最小距离	470 mm
摇臂回转角度	360°
摇臂升降距离	680 mm
摇臂升降速度	1.2 m/min
主轴箱水平移动距离	1 050 mm
主轴锥孔规格	莫氏 5 号
主轴变速级数	18
主轴变速范围	34~1 700 r/min
进刀量级数	18
进刀量范围	0.03~1.2 mm/r
刻度盘每转钻孔深度	122 mm
主电动机功率	4.5 kW
机床质量	4 300 kg
轮廓尺寸（长×宽×高）	2 500 mm×970 mm×3 350 mm

2. Z3050 摇臂钻床的结构

图 2-6 为 Z3050 摇臂钻床的结构示意图，其由以下几大部分组成。

（1）主轴箱

机床主轴箱由主轴电动机、主轴变速箱、进刀箱、进刀机构、主轴箱移动和夹紧装置组成。机床主轴有供安装刀具或夹头的莫氏 5 号锥孔。主轴箱后面有平衡重锤，正面有各种操作手柄，以适应多种操作的需要。

1）主轴转动操作。首先将十字开关拨向左边，接通机床控制电路；然后拨向右边开动主电动机；再扳动手柄，即可使主轴转动。手柄有 3

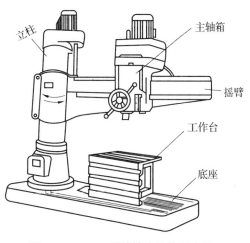

图 2-6　Z3050 摇臂钻床结构示意图

个位置,向上为反转,向下为正转,中间位置为主轴停止。主轴有18级转速,由手柄按标牌指示方法扳动可分别得到各级速度。

2)进刀变速。进刀箱有18级进刀量,用手柄及转把按标牌指示方法操作可分别得到各级进刀量。

3)进刀机构。拉出手柄后转动可快速移动主轴或手动进刀,推入手柄则可接通自动进刀。转动手轮可作微动进刀,此时需将手柄推入,并将手柄推到上方位置。机床可作定深度切削,此时需手动移动主轴使刀具接触工件,然后转动手柄放松刻度盘,使盘上对应背吃刀量的刻度线与指针相重合,再转动手柄重新固定刻度盘,并将手柄沿轴向推入。钻床运行后拉下并推入手柄,即可自动进刀。当主轴切至预定深度时与手柄连接的定位挡铁将自动进刀手柄向上打开,即停止进刀。攻螺纹时,为避免误接触手柄而与自动进刀相冲突,必须推入手柄进行锁紧。

4)主轴箱移动和夹紧。向上推手柄可松开对主轴箱的夹紧,转动手轮可使主轴箱水平移动。主轴箱后部支架上装有滚轮,可保证移动轻便,拉下手柄便可将主轴箱夹紧。

(2)摇臂

摇臂安装在机床立柱上,能作360°回转,摇臂正面的水平导轨上装有主轴箱。摇臂的升降由立柱顶部的升降电动机、升降减速齿轮、丝杠和主螺母组成的升降机构实现。在摇臂升降的上、下两个极限位置设有保护装置。摇臂升、降到适当位置后,须用夹紧机构将其夹紧。

摇臂升降运动及其在立柱上的夹紧是自动完成的,用升降十字开关操作。十字开关在最上位置为上升,在最下位置为下降,中间位置为停止及夹紧。

(3)立柱

机床的圆形立柱装在机床底座上。立柱的顶上除安装着摇臂夹紧装置外,还装有立柱液压器箱体,立柱的夹紧机构通过光杠和液压器箱体连接。立柱的松紧采用液压夹紧装置。装在手柄上的两个按钮可分别将立柱夹紧和松开。

(4)底座

机床底座上面是带有梯形槽的工作台面,靠近立柱的后面有冷却箱,并装有冷却泵及冷却电动机,连同冷却管路组成机床冷却系统。

(5)电气系统

电气系统装在摇臂背面,而电气控制箱在立柱下方的正面位置,箱外有冷却泵开关和机床电路开关。

任务二 划 线

知识点一 划线工具

1. 划线平板

划线平板表面的平整性直接影响划线的质量,因此,它的工作表面必须经过精刨或刮削等精密加工。为了长期保持划线平板表面的平整性，应注意以下使用和保养原则。

1）安装划线平板时，要使其上平面保持水平状态，以免倾斜后在长期的重力作用下发生变形。

2）划线平板应按有关规定进行定期检查、调整、研修（局部），使其保持水平，能够安装各种划线工具，并能正确使用。为了保证准确、迅速地进行划线工作，必须首先用划线平板安装工件和划线工具。划线平板（见图2-7）一般用铸铁制成，其平面度不得低于机械行业标准（JB/T 7974—1999）。

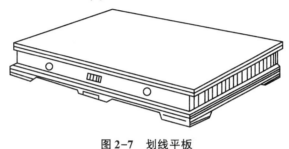

图2-7 划线平板

3）使用时要随时保持划线平板表面的清洁。如果有铁屑、灰砂等污物，它们在划线工具或工件的拖动下会刮伤平板表面，同时也可能影响划线精度。

4）工件和工具在划线平板上都要轻拿轻放，尤其要防止重物撞击平板或在平板上进行较重的敲击工作而损伤平板表面。大平板不应经常划小工件，以避免平板表面局部磨损。

5）划线结束后要把平板表面擦干净，并涂上机油，以防生锈。

2. 划针

划针（如图2-8所示）是用来划线条的，常与金属直尺、直角尺或划线样板等导向工具一起使用。对已加工表面划线时，应使用弹簧钢丝或高速钢划针，直径为3～6 mm，尖端磨成15°～20°并经淬硬，这样就不易磨损变钝。划线的线条宽度应在0.05～0.1 mm范围内。对铸件、锻件等毛坯划线时，应使用焊有硬质合金的划针尖，以便长期保持锋利，其所划线条宽度应在0.1～0.15 mm范围内。钢丝制成的划针用钝后重磨时，要经常浸入水中冷却，以防止针尖过热而退火变软。平面划线时，划针的夹持方法与用铅笔画线时相似。左手要压紧导向工具，防止其滑动而影响划线的准确性，划针尖要紧靠导向工具的边缘，上部向外侧倾斜约15°～20°，沿划线前进方向倾斜45°～75°。

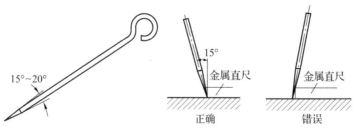

图2-8 划针

3. 高度游标卡尺

高度游标卡尺（如图2-9所示）是精密量具之一，用来测量高度。因其附有划线量爪，也可作为精密划线工具来使用。其分度值一般是0.02 mm，划线精度可达0.1 mm。用高度游标卡尺划线时，划线量爪要垂直于划线表面并一次划出，不得用量爪的侧尖来划线，以免侧尖磨损，增大划线误差。

4. 直角尺

直角尺是钳工常用的检验两个表面间垂直度的测量工具，主要有圆柱直角尺、刀口直角尺、矩形直角尺、铸铁直角尺和宽座直角尺。常用的是宽座直角尺（如图2-10所示），其常用作划垂直线或平行线时的导向工具，或用来找正工件在划线平板上的垂直位置。宽座直角尺用中碳钢制成，经过热处理和精密加工后，使两个工作面之间具有较精确的90°角。

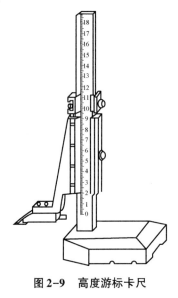

图2-9　高度游标卡尺　　　　　图2-10　宽座直角尺

5. V形块

V形块（如图2-11所示）主要用来支承有圆柱表面的工件。V形块用铸铁或碳钢制成，相邻各面互相垂直，V形槽一般呈90°或120°夹角。安放较长的圆柱工件时，需要选择两个等高的V形块（两个V形块是在一次装夹中同时加工完成的）才能使工件安放平稳，保证划线的准确性。这种成对V形块不许单个使用。

6. 方箱

方箱（如图2-12所示）是一个准确的空心立方体或长方体。方箱的相邻平面互相垂直，相对平面互相平行。方箱用铸铁制成，用来支承划线的工件（通常是较小的或较薄的工件），还可依靠夹紧装置把工件固定在方箱上。划线时只要把方箱翻转90°，就可把工件上互相垂直的线在一次装夹中全部划好。

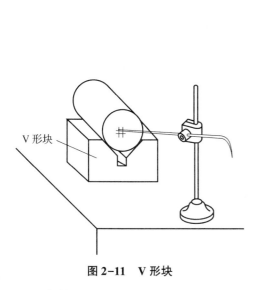

图 2-11　V 形块

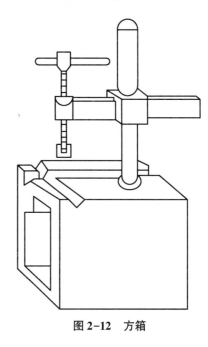

图 2-12　方箱

7. 角铁

角铁要与压板配合使用（如图 2-13 所示），用来夹持需要划线的工件。角铁有两个互相垂直的平面。通过直角尺对工件的垂直位置找正后，再用划线盘划线，可使所划线条与原来找正的直线或平面保持垂直。

8. 千斤顶

千斤顶（如图 2-14 所示）用来支承毛坯或形状不规则的划线工件，并可调整高度，将工件各处的高低位置调整到符合划线的要求。

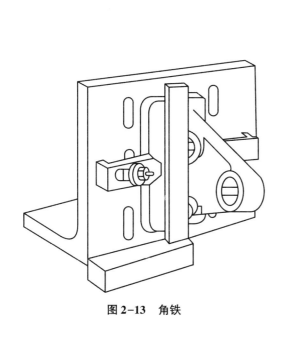

图 2-13　角铁

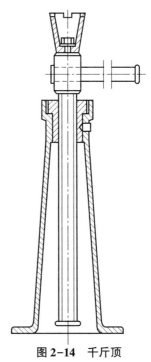

图 2-14　千斤顶

用千斤顶支承工件时要保证工件稳定可靠。为此,在工件较重的部位放置2个千斤顶,较轻的部位放置1个千斤顶,并要求3个千斤顶的支承点离工件的重心应尽量远些。工件上的支承点尽量不要选择在容易发生滑动的地方,以防工件突然翻倒。

9. 样冲

样冲(如图2-15所示)用来在已划好的线上冲眼,以便保持清晰的划线标记——因工件在搬运、加工安装过程中可能把线条擦模糊。在使用划规划圆弧前,也要用样冲先在圆心冲眼,作为划规尖角的立角点。样冲用工具钢制成并淬硬。样冲的尖端一般磨成45°~60°。

用样冲冲眼时,要注意以下几点。

1)冲眼应打在线宽的正中,不偏离所划的线条。

2)冲眼间距可视线段长短决定且基本均布。一般在直线段上冲眼的间距可大些,在曲线段上冲眼的间距可小些,而在线条的交叉转折处则必须要冲眼。

3)冲眼的深浅要适当。薄壁零件冲眼要浅些,以防工件损伤和变形;较光滑的表面冲眼也要浅些,甚至不冲眼;而粗糙的表面可冲眼深些。

4)中心线、找正线、检查线、装配对位标记线等辅助线,一般应打双样冲眼。

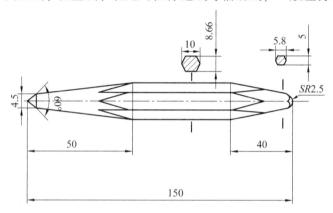

图2-15 样冲

知识点二 划线基准的确定

基准就是依据,指用来确定工件上几何要素间的几何关系的点、线、面。设计图样上所采用的基准称为设计基准。划线时也要选择工件上的某个直线或面作为依据,用来确定工件其他的点、线、面尺寸和位置,这个依据称为划线基准。

平面划线时,一般要划2条互相垂直的线;立体划线时,一般要划3条互相垂直的线。这是因为每划一个方位的线条,就必须确定一个基准。平面划线时要确定2个基准,而立体划线时通常要确定3个基准。

确定平面划线时的2个基准,一般可参照以下3种类型来选择。

1)以两条互相垂直的边线作为基准。如图2-16所示,该零件上有2个方向的尺寸。可以看出,每方向的尺寸大多依照其外缘线确定(个别尺寸除外)。此时,就可以把这2条边线分别确定为这2个方向的划线基准。

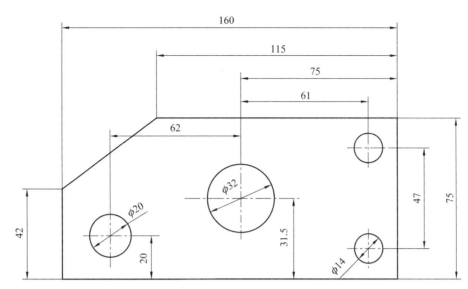

图 2-16 以两条互相垂直的边线作为基准

2）以两条相互垂直的中心线作为基准。如图 2-17 所示，该零件上 2 个方向的大多数尺寸分别与其中心线具有对称性，其他尺寸也从中心线起始标注。此时，就可以把这 2 条中心线分别确定为这 2 个方向的划线基准。

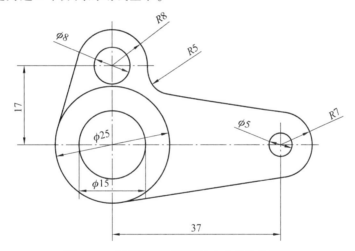

图 2-17 以两条相互垂直的中心线作为基准

3）以互相垂直的一条直线和一条中心线作为基准。如图 2-18 所示，该零件上高度方向的尺寸是以底线为依据而确定的，此底线就可作为高度方向的划线基准；而宽度方向的尺寸对称于中心线，故中心线就可作为宽度方向的划线基准。

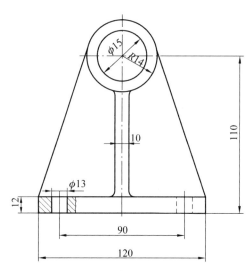

图 2-18　以相互垂直的一条直线和一条中心线作为基准

一个工件有很多线条要划,究竟从哪一根线开始呢?通常都要遵守从基准开始的原则,否则将会使划线误差增大、尺寸换算麻烦,有时甚至使划线产生困难、工作效率降低。正确地选择划线基准,可以提高划线的质量和效率,并相应地提高毛坯合格率。当工件上有已加工面(平面或孔)时应该以已加工面作为划线基准,因为先加工表面的选择也是考虑了基准确定原则的。若毛坯上没有已加工面时,首次划线应选择最主要的(或面积大的)不加工面为划线基准,但该基准只能使用一次,在下一次划线时则须用已加工面作划线基准。

无论是立体划线还是平面划线,它们的基准选择原则是一致的,应先考虑与设计基准保持一致,所不同的只是把平面划线的基准线变为立体划线的基准平面或基准中心平面。

知识点三　立体划线实例

现以图 2-19 所示的轴承座为例来说明立体划线的方法。划线底座如图 2-20 所示。

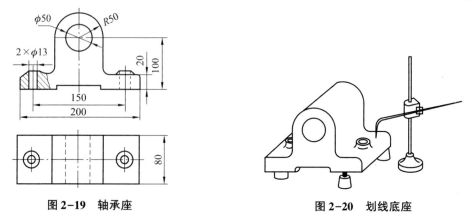

　　图 2-19　轴承座　　　　　　　　　　　**图 2-20　划线底座**

图 2-19 所示的轴承座需要加工的部位有底面、轴承座内孔、2 个通孔及其上平面和 2 个大端面。需要划线的尺寸共有 3 个方向,要在工件上划完所有线条。划线的基准确定为

轴承座内孔的中心平面Ⅰ—Ⅰ，以及两个通孔的中心平面Ⅱ—Ⅱ，如图2-21、图2-22所示。值得注意的是，这里所确定的基准都是对称中心假想平面，而不像平面划线时的基准都是一些直线或中心线。这是因为立体划线时每划一个尺寸的线，一般要在工件的四周都划到才能明确表示工件的加工界限，而不是只划在某一个面上。因此需要选择能反映工件四周位置的平面来作为基准。

(1) 划基准线Ⅰ—Ⅰ底面加工线（见图2-21）

这一方向的划线工作将牵涉到主要部位的找正和借料。先划这一方向的尺寸线可以正确地找正工件的位置和尽快了解毛坯的误差情况，以便进行必要的借料，防止产生返工现象。

先确定 $\phi 50$ mm 轴承座内孔和 $R50$ mm 外轮廓的中心。由于外轮廓是不加工的，并直接影响外观质量，所以应以 $R50$ mm 轮廓为找正依据而求出中心，即先在装好中心塞块的孔的两端用划规分别求出中心；然后用划规试划 $R50$ mm 的圆周线，看内孔四周是否有足够的加工余量，如果内孔与外轮廓偏心过多就要适当地借料，即移动所求的中心位置。此时，内孔与外轮廓的壁厚可以不均匀，但须在允许的范围内。

划底面加工线时，先用3个千斤顶支承轴承座的底面。调整千斤顶高度并用划线盘找正，将两端孔的中心初步调整到同一高度。与此同时，由于平面A也是不加工面，为了保证底面加工后各处厚度尺寸都比较均匀，还要用宽座直角尺找正A面，使A面尽量处于水平位置。但这与上述两端孔的中心要保持同一高度往往会有矛盾，而这两者又都比较重要，所以不应任意偏废某一方面，而是要两者兼顾，恰当地分配毛坯误差。必要时，要对已找出的轴承座内孔的中心重新调整（即借料），直至满足上述两方面的要求。此时工件的第一划线位置便安放正确。接着，用高度游标卡尺试划底面加工线，如果四周加工余量不够，还要把孔中心抬高（即重新借料）。到确实不需再变动时，就可在孔的中心点上冲眼，并划出基准线Ⅰ—Ⅰ和底面加工线。2个通孔上平面的加工线可以不划（加工时控制尺寸不难），只要使凸台有一定的加工余量就行。

在划Ⅰ—Ⅰ基准线和底面加工线时，工件的四周都要划到，除了明确表示加工界线外，也方便下一步划其他方向的线条以及在机床上加工时找正位置。

(2) 划基准线Ⅱ—Ⅱ两通孔中心线（见图2-22）

这个方向的位置已由轴承座内孔的两端中心和已划的底面加工线确定，只需按下述方法调准即可：将工件翻转到图2-22所示的位置，用千斤顶支承，通过千斤顶的调整和高度游标卡尺的找正，使轴承座内孔两端中心处于同一高度，即使基准平面Ⅱ—Ⅱ与平板平行，并用宽座直角尺按已划出的底面加工线找到垂直位置，这样工件的第二划线位置就安放正确。

接着，就可划基准线Ⅱ—Ⅱ。然后再按尺寸划出2个通孔的中心线。2个通孔中心线不必在工件四周都划出，因为加工通孔时只需确定中心位置。

(3) 划基准线Ⅲ—Ⅲ大端面加工线（见图2-23）

将工件翻转到图2-23所示的位置，用千斤顶支承并通过调整工件位置配合宽座直角尺的找正，分别使底面加工线和基准平面Ⅱ—Ⅱ处于垂直位置，这样工件的第三划线位置就安放正确。

接着以2个通孔的初定中心为依据，试划2个大端面的加工线。如果加工余量不够，则可适当调整通孔中心用以借料，当中心确定后，即可划出基准线Ⅲ—Ⅲ和2个大端面的加工线。

再用划规划出轴承座内孔和2个通孔的圆周尺寸线。

划线后应作检查，确认无误、无遗漏，最后在所划线条上冲眼，划线工作即完成。

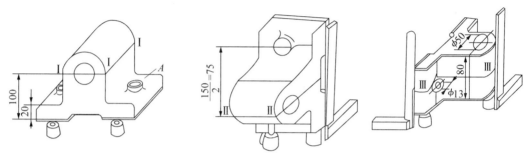

图2-21 划底面加工线　　图2-22 划两螺钉孔中心线　　图2-23 划大端面加工线

知识点四　万能分度头在划线工作中的应用

万能分度头是一种较准确的等分角度的工具，在钳工划线中常用其对工件进行分度划线。万能分度头的主要规格是以顶尖中心到底面的高度表示的。

1. 万能分度头的结构

图2-24所示为万能分度头的外形，其主要由主轴、底座、鼓形壳体、分度盘和分度叉等组成。

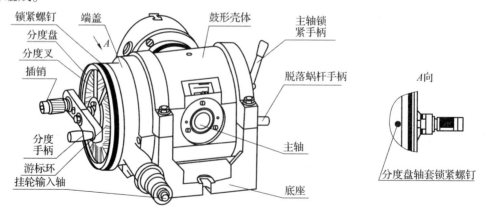

图2-24 万能分度头的外形

分度头主轴安装在鼓形壳体内，主轴前端可以装入顶尖或安装三爪自定心卡盘（图中未画出）以装夹划线工件。鼓形壳体以两侧轴颈支承在底座上，可绕其轴线回转，使主轴在水平线以下6°至水平线以上95°范围内调整一定角度。主轴倾斜的角度可以从鼓形壳体侧壁上的刻度读出。需要分度时，拔出插销，转动分度手柄，就可带动主轴回转至所需的位置。

分度手柄转过的转数由插销所对分度盘上孔圈的小孔数目来确定。这些小孔在分度盘端面上，以不同孔数均布在各同心圆的圆周上。该设备配有2块分度盘，供分度时选用，每块分度盘有圈孔，孔数分别如下：

第一块：16，24，30，36，41，47，57，59；

第二块：22，27，29，31，37，49，53，63。

插销可在分度手柄的长槽中沿分度盘半径方向调整位置，以便插入不同孔数的孔内。

2. 简单分度法

钳工在划线工作中主要采用简单分度法。分度前，先用锁紧螺钉把分度盘固定使之不能转动，再调整插销使其对准所选分度盘的孔圈。分度时先拔出插销，转动分度手柄，带动分度头主轴转至所需分度位置，然后将插销重新插入分度盘孔中。

简单分度的原理是：当分度手柄转过一周，分度头主轴便转动1/40周。如果要求主轴上装夹的工件作 z 等分，即每次分度时主轴应转过 $1/z$ 周，则分度手柄每次分度时应转的转数为 $n=40/z$。

例1 要在一圆柱面上划出4条等分的、平行于轴线的直线，求每划一条线后，分度手柄应转几周后再划第二条线？

解：已知 $z=4$，代入 $n=40/z$，得

$$n=10$$

即每划一条线后，分度手柄应转过10周再划第2条线。

例2 要在一圆盘端面上划出六边形，求每划一条线后，分度手柄应转几周后再划第2条线？

解：已知 $z=6$，则

$$n=40/6=6\frac{2}{3}$$

即分度手柄应转过 $6\frac{2}{3}$ 周，再划第2条线。

由上例可见，经常会遇到 $z<40$ 的情况，这时可用下列公式

$$n=40/z=a+P/Q$$

式中：a——分度手柄的整转数；

Q——分度盘某一孔圈的孔数；

P——分度手柄在孔数为 Q 的孔圈上应转过的孔距数。

分度手柄在转过 a 整周后，在 Q 孔圈上再转过 P 个孔距数的具体方法如下所述。

例2中分度手柄转过6周后，还要转2/3周。为了准确转过2/3周，可把分母按倍数扩大到分度盘上有合适孔数的数值，例如可使分母扩大为24（8倍），于是2/3扩大为16/

24，即在 24 孔的孔圈上转过 16 个孔距数。当然，2/3 也可扩大为 42/63（21 倍），即在 63 孔的孔圈上转过 42 个孔距数。分母还可扩大为其余多种倍数值，究竟选用哪一种较好？一般来说，孔数较多的孔圈由于离轴心较远，故摇动分度手柄比较方便，因此应尽量选用倍数大的孔圈。

3. 分度叉的调整方法

分度叉是分度盘上的附件，能使分度准确而迅速。

分度叉由两个叉脚组成。两叉脚间的夹角可以根据孔距数进行调整。在调整时，夹角间的孔数应比需转过的孔距数多一个，因为第一个孔是作 0 来计数的，要到第二个孔才算作一个孔距数。例如，要在 24 孔的孔圈上转过 8 个孔距数，调整方法是先使插销插入紧靠叉脚 1 一侧的孔中，松开螺钉，将叉脚 2 调节到第 9 个孔，待插销插入后，叉脚 2 的一侧也紧靠插销时，再拧紧螺钉把两叉脚之间的角度固定下来。当划好一条线后要把分度叉调整到下一个分度位置时，将分度叉的叉脚 1 转到叉脚 2 旁紧靠插销的位置即可，此时叉脚 2 也同时转到了后面的 8 个孔距数的位置上，并保持原来的夹角不变。

分度时的注意要点如下。

1）为了保证分度准确，分度手柄每次转动必须沿同一方向。

2）当分度手柄将转到预定孔位时，注意不要让其转过头，定位销要刚好插入孔内，如发现已转过头则必须反向转过半圈左右后再重新转到预定的孔位。

3）在使用分度头时，每次分度前必须先松开分度头侧面的主轴锁紧手柄，分度头才能自由转动。分度完毕后则要紧固主轴，以防主轴在划线过程中松动。

任务三 锉 削

用锉刀对工件进行切削加工的方法称为锉削。锉削的工作范围较广，可以对各种形状工件的内外表面进行加工，并可达到一定的加工精度。加工精度是指工件加工后的实际几何参数（尺寸、形状和位置）与理想几何参数的符合程度。在现代化生产条件下，仍有些不便于机械加工的工作需要用锉削来完成。例如，装配过程中对个别零件的加工后修整；维修工作中或在单件、小批量生产条件下对某些形状较复杂的装配零件的加工；手工去毛刺、倒圆和倒钝锐边（除去工件上尖锐棱角）等。锉削技能的优劣，是衡量钳工技能水平高低的一个重要标志。因此，钳工必须学好这项重要的基本功，并力求技巧熟练。

锉削时，应按工件表面形状选择锉刀断面形状，图 2-25 为锉刀断面形状与应用场景。

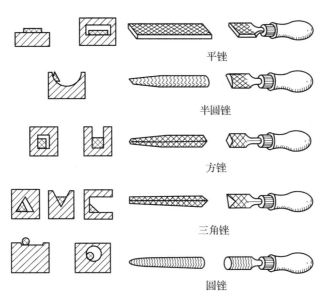

图 2-25 锉刀断面形状与应用场景

知识点一 锉刀的保养

合理使用和保养锉刀可以延长锉刀的使用寿命，否则将缩短其使用寿命，因此必须注意下列使用和保养规则：

1）不可用锉刀来锉毛坯的硬皮及工件上经过淬硬的表面；

2）锉刀应先用一面，用钝后再用另一面，因为用过的锉齿比较容易锈蚀，两面同时使用会使锉刀寿命缩短；

3）锉刀每次使用完毕后，应用钢丝刷刷去锉纹中残留的铁屑，以免锉刀锈蚀；

4）锉刀放置时不能与其他的金属相碰，锉刀与锉刀不能相互重叠堆放，以免锉齿损坏；

5）不能把锉刀当作装拆、敲击或撬动的工具；

6）使用整形锉时用力不可过猛，以免折断。

知识点二 工件的装夹

工件装夹的正确与否，直接影响锉削质量。因此，装夹工件要符合下列要求：

1）工件尽量夹在台虎钳钳口的中间位置；

2）装夹要稳固，但不能使工件变形；

3）锉削面离钳口不要太远，以免锉削时工件产生振动；

4）工件形状不规则时，要加适宜的垫片夹紧（例如，夹圆柱形工件要衬以 V 形块或弧形木块）；

5）装夹精加工面时，台虎钳口要衬以软钳口（铜或其他较软材料），以防夹坏表面。

知识点三　锉削方法

1. 顺向锉

顺向锉（见图 2-26）是最普通的锉削方法。在接触面不大和最后锉光等情况下都用这种方法，此方法可在工件上得到正直的刀痕。

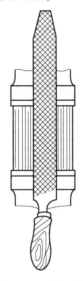

图 2-26　顺向锉

2. 交叉锉

交叉锉（见图 2-27）时，锉刀与工件的接触面较大，锉刀容易掌握平稳。同时，通过锉刀痕可以判断出锉削面的高低情况，所以容易把平面锉平。为了使刀痕变得正直，在平面锉削将完成前应改用顺向锉。不管采用顺向锉还是交叉锉，为了使整个平面都能均匀地被锉到，一般应在每次抽回锉刀时向旁边略作移动。

图 2-27　交叉锉

3. 推锉

推锉（见图 2-28）一般用来锉削狭长平面。若用顺向锉而锉刀运动有阻碍时，也可采用推锉。

推锉不能充分发挥手的力量，工作效率也不高，故只适用于加工余量较小的场合。

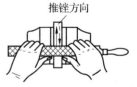

图 2-28　推锉

4. 锉削操作姿势

1) 站立位置。锉削时人站立的位置如图2-29所示，站立要自然且便于用力，以适应不同锉削方法的要求。

2) 锉削的姿势。锉削时身体的重心放在左脚上，右膝要伸直且始终站稳不动，靠左膝的屈伸作往复运动，充分利用锉刀的全长进行锉削。锉削动作是由身体运动和手臂运动合成起来的。开始时身体前倾约10°，右肘尽量收缩到后方；当身体前倾至约15°时左膝稍弯曲，锉刀前进1/3行程；右肘向前推进，身体逐渐倾斜到约18°，完成锉刀前进的2/3行程；锉刀前进的最后1/3个行程是用右手腕将刀推进，身体随着锉刀的反作用力退回到约15°的位置；锉刀行程结束后，把锉刀略微抬起，手和身体再退回到最初位置。

3) 锉削力的运用。推锉时为使锉刀平衡，两只手用力的大小要不断变化。开始时左手压力大、右手压力小而推力大；随着锉刀前进，左手压力减小、右手压力增大；锉刀推至1/2行程时，两只手的压力应相同；当锉刀的行程超过1/2时，左手压力要逐渐减小，右手压力要逐渐增加，直到推完全行程为止。如果在推锉时两只手的压力始终不变，那么开始时锉刀柄则向下偏，终了时锉刀前端下偏，这样锉出的工件是两头低中间高的鼓形表面。锉削时，眼睛要观察锉刀有无摇摆，两只手用力是否适当。完成几次锉削后，应拿开锉刀进行检查，如果发现问题应及时纠正。

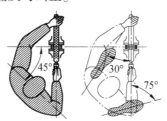

图2-29 挫削时人站立的位置

5. 锉削后的检验

平面锉削时常要检验平面度误差，一般可采用金属直尺或刀口形直尺，用透光法来检验。如图2-30所示，使用刀口形直尺沿加工面的纵向、横向和对角线方向多处进行检验，以判定整个加工面的平面度误差：如果检验处透光微弱而均匀，表示此处较平直；如果透光强弱不一，则表示此处高低不平，其中光线强处比较低，光线弱处比较高。当每次改变刀口形直尺的检验位置时，刀口形直尺应先提起，然后再轻放到另一位置，而不应在平面上拖动，否则直尺边缘容易磨损，而使测量精度降低。

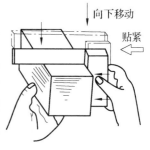

图2-30 检验平面度

任务四 锯 削

用手锯对材料（或工件）进行锯断或锯槽等加工的方法称为锯削。图2-31（a）所示为把材料（或工件）锯断，图 2-31（b）所示为锯掉工件上的多余部分，图 2-31（c）所示为在工件上锯槽。

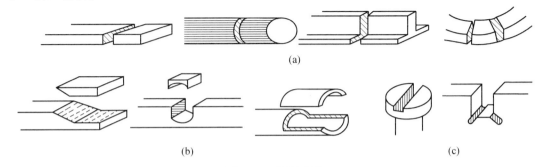

图 2-31 锯削应用
(a) 锯断材料；(b) 锯掉工件上多余的部分；(c) 在工件上锯槽

知识点一　锯条的安装

手锯是在向前推进时进行切削的，所以安装锯条时要保证锯齿的方向正确［见图 2-32（a）］。如果装反了［见图 2-32（b）］，锯齿前角变为负值，切削很困难，不能进行正常的锯削。锯条的松紧在安装时也要控制适当，太紧则锯条受力太大，其在锯削中受到阻力而弯折时就很易崩断；太松则锯削时锯条容易扭曲，也可能折断，而且锯缝容易发生歪斜。装好的锯条应与锯弓保持在同一中心平面内。

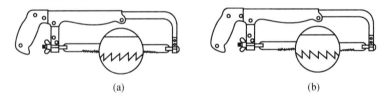

图 2-32 锯削安装
(a) 正确示范；(b) 错误示范

知识点二　锯削基本方法

1. 起锯

起锯是锯削工作的开始，起锯质量的好坏直接影响锯削的质量。起锯有远起锯［见图 2-33（a）］和近起锯［见图 2-33（b）］两种。一般情况下采用远起锯较好，因为此时锯齿是逐渐切入材料的，锯齿不易被卡住，起锯比较方便。如果采用近起锯，锯齿由于突然切入较深，容易被工件棱边卡住甚至崩断；无论用哪一种起锯法，起锯角 α 都要小（宜小于 15°），若起锯角太大，则起锯不易平稳；但起锯角也不宜太小，否则锯条与工件同时接触的齿数较多反而不易切入材料，使起锯次数增多，锯缝就容易发生偏离，造成表面被锯出多道锯痕而影响锯削质量。为了起锯平稳和准确，可用非持锯手的拇指挡住锯条，使锯条保持在正确的位置上起锯。起锯时施加的压力要小、往复行程要短、速度要慢。

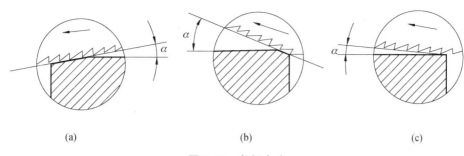

图 2-33 起锯方法

(a) 远起锯；(b) 近起锯；(c) 起锯角小于15°

2. 锯削时锯弓的运动

锯削时，锯弓前进的运动方式有两种：一种是直线运动，两手均匀用力，向前推动锯弓；另一种是弧线运动，在前进时右手下压而左手上提，操作自然，可减轻操作者疲劳。一般锯缝底面要求平直的槽和薄壁工件适用前一种运动方式，而锯断其他材料时大多采用后一种运动方式。两种方式在回程中都不应对手锯施以压力，否则会加快锯齿的磨损。锯削速度以每分钟往复20～40次为宜。

锯软材料可以快些，锯硬材料应该慢些。速度过快则锯条发热严重，容易磨损。必要时可加水、乳化液或机油进行冷却润滑，以减轻锯条的发热磨损。速度过慢则工作效率太低，且不易把材料锯断。锯削时，要尽量使锯条的全长都被利用到，若只集中于局部长度使用，则锯条的使用寿命将相应缩短。因此，锯削的行程一般应不小于锯条全长的2/3。

知识点三　各种材料的锯削方法

1. 棒料的锯削

棒料的锯削断面如果要求比较平整，应从起锯开始连续锯到结束。若锯出的断面要求不高，可改变几次锯削的方向，使棒料转过一个角度再锯，这样由于锯削面变小而容易锯入，可提高工作效率，如图 2-34 所示。锯毛坯材料时断面质量要求一般不高。

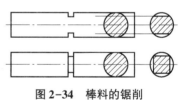

图 2-34　棒料的锯削

2. 管件的锯削

锯削管件时，首先要把管件正确地装夹好。对于薄壁管件和加工过的管件，应夹在有V形或弧形槽的木块之间（如图 2-35 所示），以防夹扁和夹坏表面。锯削时必须选用细齿锯条，一般不要在一个方向从开始连续锯到结束，因为锯齿容易被管壁夹住而崩断，尤其是薄壁管件更应注意这点［如图 2-36（b）所示］。正确的方法是锯到管件内壁处，然后把管件转过一个角度，仍旧锯到管件的内壁处，如此逐渐改变方向，直至锯断为止［如图 2-36（a）所示］。薄壁管件改变方向时，应使已锯的部分向锯条推进方向转动，否则锯齿仍有可能被管壁夹住。

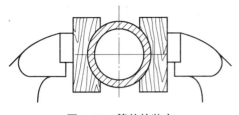

图 2-35 管件的装夹

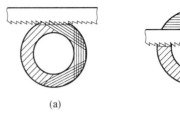

图 2-36 管件的锯削
（a）正确；（b）错误

3. 薄板料的锯削

锯薄板料除选用细齿锯条外，要尽可能从宽的面上锯下去，锯条相对工件的倾斜角应不超过45°，这样锯齿不易被卡住。如果一定要从板料的狭面锯下去，应该把其夹在两木块之间，连木块一起锯下，也可避免锯齿被卡住，同时也增加了板料的刚度，锯削时不会弹动［见图2-37（a）］；或者把薄板料夹在台虎钳上，用手锯作横向斜推锯，使锯齿与薄板接触的齿数增加，避免锯齿崩裂［见图2-37（b）］。

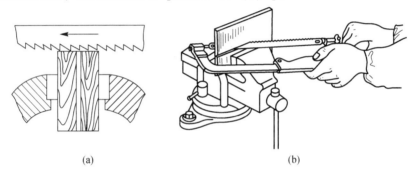

图 2-37 薄板锯削方法
（a）夹在木块之间；（b）夹在台虎钳上

任务五　钻孔、铰孔

知识点一　钻　孔

用钻头在实体材料上一次钻成孔的工序称为钻孔。

钻孔时，钻头装在钻床或其他机械上，依靠钻头与工件之间的相对运动来完成切削加工。切削时的运动由以下两种运动合成。

1）主运动。主运动是由机床或人力提供的主要运动，使刀具和工件之间产生相对运动，从而使前刀面接近工件并切除切削层。

2）进给运动。进给运动是由机床或人力提供的使刀具与工件同时产生的附加运动。例如，在钻床上钻孔时，钻头的旋转运动为主运动，钻头的直线运动为进给运动。

麻花钻是最常用的一种钻头，它由柄部、颈部和工作部分组成，如图2-38所示。柄部是钻头的夹持部分，用来传递钻孔时所需的扭矩和轴向力。麻花钻有直柄和锥柄两种。

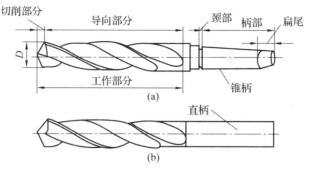

图 2-38 麻花钻

(a) 锥柄麻花钻；(b) 直柄麻花钻

麻花钻颈部为磨制钻头外圆时供砂轮退刀之用，一般也用来刻印商标和规格。工作部分由切削部分和导向部分组成。切削部分由 2 条主切削刃、1 条横刃、2 个前刀面和 2 个后刀面（见图 2-39）担任主要的切削工作。导向部分有 2 条螺旋槽和 2 条窄的螺旋形棱边，并与螺旋槽表面相交形成 2 条棱刃（副切削刃）。导向部分在切削过程中能保持钻头正直的钻削方向，并具有修光孔壁的作用，同时还是切削部分的后备部分。两条螺旋槽用来排屑和输送切削液。钻头的直径略有倒锥，直径向柄部逐渐减小，倒锥的大小为直径每 100 mm 长度减小约 0.05~0.1 mm，这样能减小钻头与孔壁的摩擦。钻头工作部分轴心线的实心部分称为钻芯，它连接 2 个螺旋形刃瓣，以保持钻头的强度和刚度。钻芯由切削部分向柄部逐渐变大。钻头直径大于 6~8 mm 时，常制成焊接式钻头。刃磨时（见图 2-40），右手握住钻头的头部作为定位支点并掌握好钻头绕轴心线的转动和加在砂轮上的压力，左手握住钻头的柄部作上下摆动。钻头转动的目的是使整个后刀面都能磨到，而上下摆动是为了能磨出一定角度的后角，两手的动作必须很好地配合。由于钻头的后角在钻头的不同半径处是不相等的，所以摆动角度的大小也要随后角的大小而变化。为了防止在刃磨时另一刃瓣的刃尖碰坏，所以也有用其他材料作刃瓣的：一般用高速钢（W18Cr4V），淬硬至 62~68HRC，其热硬性可达 550~600℃。柄部的材料则差些，一般采用 45 钢，淬硬至 30~45HRC。

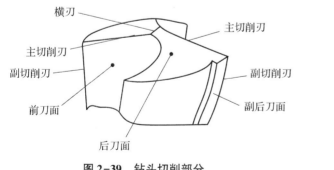

图 2-39 钻头切削部分

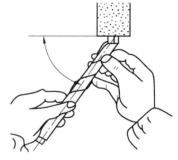

图 2-40 刃磨示意图

知识点二 钻头的刃磨和修磨

1. 钻头的刃磨

钻头的切削刃使用变钝后，对其进行磨锐的工作称为刃磨。刃磨的部位是 2 个后刀面

（即 2 条主切削刃）。刃磨质量将直接关系到钻孔质量。

手工刃磨钻头是在砂轮机上进行的。砂轮的粒度一般为 F46~F80，砂轮的硬度最好采用中软级（L、M、N），采用前刀面向下的刃磨方法。在刃磨过程中，要随时检查角度的正确性和对称性，同时还要不时将钻头浸入水中冷却。在磨到刃口时磨削量要小，停留时间也不宜过久，以防切削部分过热而退火。主切削刃磨后应进行以下几方面的检查。

1）检查顶角的大小是否正确，两主切削刃是否对称且长短一致。检查时，把钻头切削部分向上竖立，两眼平视，由于两切削刃一前一后会产生视差，往往感觉到左刃高，而右刃低。所以要旋转 180°后反复看几次，若结果一样，就说明两主切削刃已对称。

2）检查钻头主切削刃上外缘处的后角 α_o 是否为所要求的数值。

3）检查钻头近钻芯处的后角是否为所要求的数值。这可以通过检查横刃斜角是否正确来确定。在检查主切削刃的后角时，要注意检查后刀面的主切削刃处，而不应粗略地去检查后刀面离主切削刃较远的部位（因为后刀面是个曲面，这样检查出来的数值不是切削刃的后角大小）。

2. 钻头的修磨

为适应钻削不同的材料而达到不同的钻削要求，以及改进标准麻花钻存在的一些缺点而需要改变钻头切削部分形状时，所进行的磨削工作称为修磨，如图 2-41 所示。

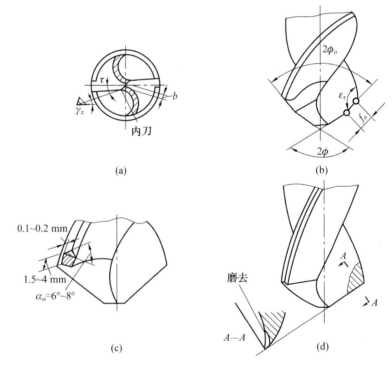

图 2-41 麻花钻的修磨

(a) 修磨横刃；(b) 修磨主切削刃；(c) 修磨棱边；(d) 修磨前刀面

（1）修磨横刃

修磨横刃如图 2-41（a）所示，其目的是把横刃磨短并使靠近钻芯处的前角增大。一一般直径在 5 mm 以上的钻头均需修磨。修磨后的横刃长度为原来的 1/5～1/3。修磨后形成内刃，减小了进给力和挤刮现象，定心作用也可改善。内刃斜角 $\gamma = 20°～30°$，内刃处前角 $\gamma_z = 0°～15°$。修磨时，要先使刃背接触砂轮，然后转动钻头，磨至切削刃的前刀面而把横刃磨短。修磨横刃的砂轮圆角半径要小，砂轮直径也最好也小一些，否则不易修磨好，甚至还可能把钻头上不应磨去的地方磨掉。

（2）修磨主切削刃

修磨主切削刃如图 2-41（b）所示，其目的是增加切削刃的总长度和刀尖角、改善散热条件、增加刀齿强度，并增强主切削刃与棱边交角处的抗磨性，从而提高钻头寿命，同时也有利于减小孔壁表面粗糙度。一般 $2\phi = 70°～75°$，$f_0 = 0.2D$。

（3）修磨棱边

修磨棱边如图 2-41（c）所示，其目的是减小对孔壁的摩擦、提高钻头寿命。修磨棱边是在靠近主切削刃的第一副后刀面上。磨出副后角 $\alpha_o = 6°～8°$，并保留棱边宽度为原来的 1/3～1/2。

（4）修磨前刀面

修磨前刀面如图 2-43（d）所示，其目的是在钻削硬材料时提高刀齿的强度，并同时避免由于切削刃过于锋利而引起的扎刀现象。修磨时，将主切削刃和副切削刃交角处的前刀面磨去一块（图中阴影部位），以减小此处的前角。

3. 钻孔工艺

（1）手握紧

一般钻直径 8 mm 以下的小孔，若工件能用手握稳时，就用手拿住工件钻孔，这样比较方便。但工件上锋利的边要倒钝，当孔即将钻通时要特别小心，以防发生安全事故。有些较长工件虽可用手握住，但最好在钻床工作台面上用螺钉靠住工件，这样比较安全可靠。

（2）手虎钳或小型机用平口虎钳夹紧

钻孔直径超过 8 mm 或用手不能握住的小工件钻孔时，必须用手虎钳或小型机用平口虎钳等来夹紧工件，如图 2-42 所示。在平整的工件上钻孔，一般把工件夹在机用平口虎钳上，孔较大时，小型机用平口虎钳要用螺栓紧固在钻床工作台面上。

（3）V 形块支承夹紧

在圆柱形工件上钻孔，可用带夹紧装置的双面 V 形块固定圆柱形工件（见图 2-43），或者把工件放在单面 V 形块上并配以压板压牢，以免工件在钻孔时转动。

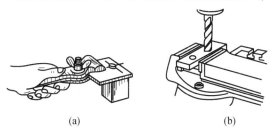

图 2-42 小工件钻孔时的夹持方法
（a）手虎钳夹持；（b）小型机用平口虎钳夹持

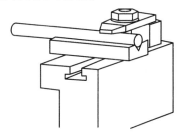

图 2-43 V 形块支承夹紧

（4）直接用压板夹紧

钻大孔或不使用小型机用平口虎钳夹紧的工件，可直接在钻床工作台上用压板、螺钉和垫铁固定，如图 2-44 所示。

（5）一般工件的钻孔方法

钻孔前，先把孔中心的样冲眼冲大一些，这样可使横刃预先落入样冲眼的锥坑中，钻孔时钻头就不易偏离中心。钻孔时使钻尖对准钻孔中心（要在相互垂直的两个垂面方向上观察），先试钻一浅坑，如钻出的锥坑与所划的钻孔圆周线不同心，可靠移动工件或移动钻床主轴（摇臂钻床钻孔时）来进行纠正；如果偏离较多，也可用样冲或錾子在需要多钻去一些材料的部位錾几条槽，以减少此处的切削阻力而让钻头偏过来，达到纠正的目的。

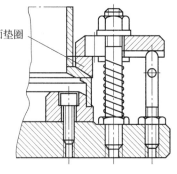

图 2-44 用压板夹紧工件

知识点三 铰 孔

用铰刀从工件的孔壁上除去微量金属层，以提高孔的尺寸精度和表面质量的工序称为铰孔。

1. 铰刀的种类和特点

铰刀的种类很多，钳工常用的有整体圆柱机铰刀和手铰刀，如图 2-45 所示。铰刀由工作部分、颈部和柄部三个部分组成。工作部分最前端有 45° 倒角，使铰刀开始铰削时容易放入孔中，并起保护切削刃的作用；紧接倒角的是顶角为 2ϕ 的切削部分；再后面是校准部分。机铰刀有圆柱形校准部分和倒锥校准部分两段，手铰刀只有一段倒锥校准部分。

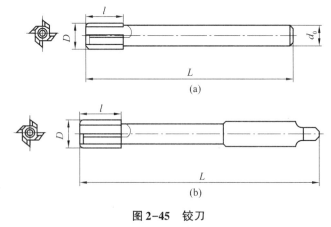

图 2-45 铰刀

(a) 整体圆柱机铰刀；(b) 手铰刀

2. 铰刀的主偏角 κ_r 较小

机铰刀铰削钢及其他韧性材料的通孔时，其主偏角 $\kappa_r = 12° \sim 15°$；铰削铸铁及其他脆性材料的通孔时，$\kappa_r = 30° \sim 50°$。机铰刀铰盲孔时，为了使铰出孔的圆柱部分尽量长，而剩下的圆锥部分尽量短，要采用 $\kappa_r = 45°$ 的铰刀。手铰刀的切削部分比机铰刀的要长，而

κ_r 很小。一般手铰刀的 $\kappa_r = 3° \sim 13°$，这样定心作用好，铰削时进给力也较小，比较省力。铰刀切削部分和校准部分的后角一般都磨成 $6° \sim 8°$。校准部分用来引导铰削的方向和修整孔的尺寸，它也是铰刀的备磨部分。校准部分的切削刃上留有无后角的棱边，为了减少棱边与孔壁的摩擦，棱边较窄，铰刀每转进给量 f 一般为 $0.1 \sim 0.3$ mm/r。为了减少校准部分与孔壁的摩擦，并防止铰刀在孔中可能产生的倾斜而使校准部分后段的切削刃将孔径扩大，校准部分的后段做成倒锥。机铰刀铰孔时的切削速度较高，为了减少摩擦并防止孔口扩大，校准部分做得较短，而且倒锥量大些（$0.04 \sim 0.05$ mm）。手铰刀切削速度低，全靠校准部分导向，所以校准部分较长，倒锥量较小（$0.005 \sim 0.008$ mm），并将整个校准部分都做成倒锥，而不再做出一段圆柱部分。

为了获得较高的铰孔质量，一般手铰刀的齿距在圆周上不是均匀分布的，而是做成 $180°$ 对称的不等齿距。这样做有两方面的作用。

1）铰削时，切削刃碰到孔壁上黏附的切屑或材料中的硬点时，铰刀就会产生退让，于是各切削刃就会在孔壁上切出轴向凹痕。如果铰刀齿距相同，则切削刃每转到此处就必定重复产生退让，这样将使凹痕愈来愈严重；而如果采用不等齿距的铰刀，则切削刃就不会重复的切入已有的凹痕中，反而能将高点切除。

2）操作时，铰刀铰杠每次旋转的深度和方位基本上是一致的。当每次铰削停歇时，容易使各切削刃在孔壁上切出凹痕。如果铰刀的齿距相同，则会重复产生这种现象；采用不等齿距的铰刀就可避免。为了测量方便，不等齿距手铰刀的相对两齿是在一条直线上。机铰刀工作时，它的锥柄与机床连接在一起，所以不会产生如手铰刀的切削刃所产生的凹痕。为了制造方便，铰刀的切削刃都做成等距分布。

铰刀的颈部，供加工切削刃时退刀之用，也用来刻印商标和规格。

铰刀的柄部用来装夹和传递扭矩，有直柄、锥柄和直柄带方榫三种。前两种用于机铰刀，后一种用于手铰刀，方榫与铰杠的方孔相配。

机铰刀一般用高速钢材料制造，手铰刀的制造材料有高速钢和高碳钢两种。高碳钢铰刀耐热性差，但可使切削刃磨得很锋利。

在单件或小批量生产中，选用铰刀铰孔时不但要求孔和铰刀的基本尺寸相同，还需注意上/下偏极限差，如不合适则一般选用可调铰刀铰孔。只有在大批量生产中才按孔径来研磨铰刀。图 2-46 所示机铰刀的工作部分镶硬质合金刀片，其适用于高速铰孔和铰削硬材料。

硬质合金铰刀铰出的孔一般要收缩些，因铰孔中产生的挤压比较严重。使用硬质合金铰刀时，应先测量铰刀的直径进行试铰，如孔径不符合要求，应研磨铰刀。硬质合金铰刀刀片有钨钴（YG）类和钨钛钴（YT）类两种，分别用以铰削铸铁和钢制件。

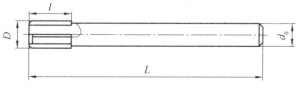

图 2-46 硬质合金铰刀

可调节手铰刀（活动铰刀）如图2-47所示。刀体上开有6条斜底直槽，具有同样斜度的刀条嵌在槽里，利用前后两个螺母压紧刀条的两端。调节两端的螺母可使刀条沿斜槽移动，即可改变铰刀的直径，以适应加工不同孔径的需要。

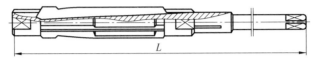

图2-47 可调节手铰刀

目前，工厂生产的标准可调节手铰刀的直径范围为6~54 mm，适用于修配、单件生产，以及铰削特殊尺寸通孔。直径不大于12.75 mm的刀条用合金工具钢制造，直径大于12.75 mm的刀条用高速钢制造。

（3）螺旋槽手铰刀

螺旋槽手铰刀如图2-48所示。用这种铰刀铰孔时切削平稳，铰出的孔光滑，不会像普通铰刀那样产生纵向刀痕。普通铰刀不能铰有键槽的孔，否则其切削刃要被键槽槽边钩住，此时只有用螺旋槽铰刀才能铰削。这类铰刀的螺旋槽方向一般是左旋，以避免铰削时因铰刀的正向转动而产生自动旋进的现象，左旋的切削刃也容易使铰下的切屑被排出孔外。

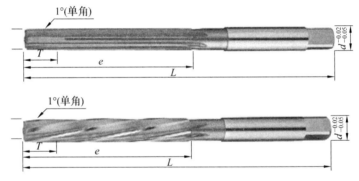

图2-48 螺旋槽手铰刀

（4）锥铰刀

锥铰刀用以铰削圆锥孔。常用的锥铰刀有4种：①1∶10锥铰刀，用以加工联轴器上与柱销配合的锥孔；②莫氏锥铰刀（其锥度近似于1∶20），用以加工0~6号莫氏锥孔；③1∶30锥铰刀，用以加工套式刀具上的锥孔；④1∶50锥铰刀，用以加工圆锥定位销孔。

1∶10锥铰刀和莫氏锥铰刀一般是2~3把一套，其中一把是精铰刀，其余是粗铰刀。粗铰刀的切削刃上开有螺旋形分布的分屑槽，以减轻铰削负荷。锥铰刀的切削刃是全部参加切削的，铰起来比较费力。1∶10锥孔和莫氏锥孔的锥度较大，加工余量也较大。为了铰孔省力，可先将孔做成阶梯形，如图2-49所示。阶梯孔的最小径按锥孔小端直径确定，并留铰削余量，其余各段直径可根据锥度公式算得。

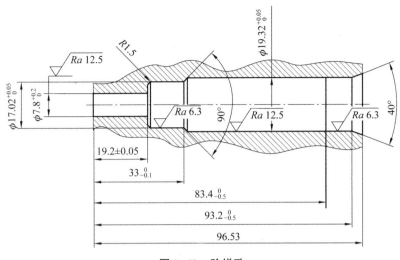

图 2-49 阶梯孔

任务六 攻 螺 纹

知识点一 丝 锥

1. 构造

丝锥是加工内螺纹的刀具，有手用和机用、左旋和右旋、粗牙和细牙之分。手用丝锥的构造如图 2-50 所示，其由工作部分和柄部组成。工作部分包括切削部分和校准部分：切削部分磨出锥角，使切削负荷分布在几个刀齿上，这样不仅工作省力、丝锥不易崩刃或折断，而且攻螺

图 2-50 手用丝锥

纹时导向作用好，也保证了螺孔的质量；校准部分具有完整的曲形，用来校准已切出的螺纹，并引导丝锥沿轴向前进。柄部有方棒，与铰杠的方孔配合，用来传递切削扭矩。

手用丝锥一般采用合金工具钢（如 9SiCr、轴承钢或 GCr9）制造，机用丝锥则采用高速钢制造。

2. 工作部分的几何参数

丝锥的工作部分沿轴向有几条容屑槽，以容纳切屑，同时也形成切削刃和前角。

标准丝锥的前角是 8°～10°，为了适用于不同的工件材料，前角可以在必要时作适当增减。丝锥切削部分的锥面上铲磨出后角 α_o，一般手用丝锥 $\alpha_o = 6° \sim 8°$，机用丝锥 $\alpha_o = 10° \sim 12°$，齿侧后角为 0°。手用丝锥校准部分的后角等于 0°；机用丝锥的螺纹是经过磨削的，在 M12 以上的螺纹上铲磨，以形成很小的后角。为了减少校准部分与螺孔的摩擦，也为了减少攻出螺纹的扩张量，丝锥校准部分的大径、中径、小径均有 0.05～0.12 mm 的倒锥。

M8 以下的丝锥一般有 3 条容屑槽，M8～M12 的丝锥有 3 或 4 条，M12 以上的丝锥有

4条容屑槽。标准丝锥一般都是直槽,以便于制造和刃磨。为了控制排屑方向,有些专用丝锥做成左旋槽,用来加工通孔,使切屑顺利地向下排出;也有做成右旋槽的,用来加工不通孔,使切屑能向上排出。在加工通孔时,为了使排屑顺利,也可在直槽标准丝锥的切削部分前端加以修磨,形成的刃倾角 λ 是-5°~15°(如图2-51所示)。

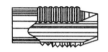 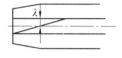

图2-51 负刃倾角

3. 成套丝锥切削量的分配

为了减少手用丝锥切削力和提高丝锥寿命,可将整个切削工作量分配给几支丝锥来担任。通常M6~M24的丝锥一套有2支,M6及以下M24以上的丝锥一套有3支。因为丝锥越小,越容易折断,所以备3支,而大的丝锥切削负荷很大,要分几次逐步切削,所以也做成3支一套。细牙丝锥不论大小均为2支一套。目前部分厂家已生产单支的丝锥。

知识点二 铰 杠

使用手用丝锥攻螺纹时一定要用铰杠。铰杠有普通铰杠(见图2-52)和丁字形铰杠两类。普通铰杠又有固定铰杠和活动铰杠两种。固定铰杠的方孔尺寸和柄长符合一定的规格,使丝锥受力不会过大,丝锥不易被折断,因此操作比较合理,但规格较多。一般攻制M5以下的螺纹孔宜采用固定铰杠。活动铰杠可以调节方孔尺寸,应用范围较广,有150~600 mm多种规格。

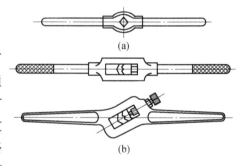

图2-52 普通铰杠
(a)固定铰杠;(b)活动铰杠

知识点三 攻螺纹工艺

1. 攻螺纹前底孔直径的确定

用丝锥切削内螺纹时,每个切削刃除起切削作用外,还对材料产生挤压,因此螺纹的牙型在顶端要凸起一部分(见图2-53)。材料塑性越大,挤压出的凸起越多。如果螺纹牙型顶端与丝锥刀齿根部没有足够的空隙,就会使丝锥轧住。所以攻螺纹前的底孔直径(即钻孔直径)必须大于螺纹标准中规定的螺纹小径。

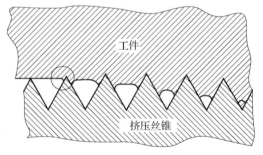

图2-53 攻螺纹前的挤压现象

底孔直径的大小要根据工件材料的塑性大小和钻孔的扩张量来考虑,其大小应使攻螺纹时既有足够的空隙来容纳被挤压出的金属,又能保证加工出的螺纹得到完整的牙型。

表 2-2 所示为普通螺纹攻螺纹前钻底孔的钻头直径。表 2-3 所示为 55°非密封管螺纹攻螺纹前钻底孔的钻头直径。

表 2-2 普通螺纹攻螺纹前钻底孔的钻头直径

螺纹直径 D/mm	螺距 P/mm	钻头直径 d_2/mm		螺纹直径 D/mm	螺距 P/mm	钻头直径 d_2/mm	
		攻铸铁、青铜、黄铜	攻钢、可锻铸铁、紫铜、层压板			攻铸铁、青铜、黄铜	攻钢、可锻铸铁、紫铜、层压板
2	0.4	1.6	1.6	14	2	11.8	12
	0.25	1.75	1.75		1.5	12.4	12.5
2.5	0.45	2.25	2.05		1	12.9	13
	0.35	2.15	2.15	16	2	13.8	14
3	0.5	2.5	2.2		1.5	14.4	14.5
	0.35	2.65	2.65		1	14.9	15
4	0.7	3.3	3.3	18	2.5	15.3	15.5
	0.5	3.5	3.5		2	15.8	16
5	0.8	4.1	4.2		1.5	16.4	16.5
	0.5	4.5	4.5		1	16.9	17
6	1	4.9	5	20	2.5	17.3	17.5
	0.75	5.2	5.2		2	17.8	18
8	1.25	6.6	6.7		1.5	18.4	18.5
	1	6.9	7		1	18.9	19
	0.75	7.1	7.2	22	2.5	19.3	19.5
10	1.5	8.4	8.5		2	19.8	20
	1.25	8.6	8.7		1.5	20.4	20.5
	1	8.9	9		1	20.9	21
	0.75	9.1	9.2	24	3	20.7	21
12	1.75	10.1	10.2		2	21.8	22
	1.5	10.4	10.5		1.5	22.4	22.5
	1.25	10.6	10.7		1	22.9	23.5
	1	10.9	11				

表 2-3 55°非密封管螺纹攻螺纹前钻底孔的钻头直径

尺寸代号	每 25.4 mm 内的牙数	钻头直径 d_2/mm	尺寸代号	每 25.4 mm 内的牙数	钻头直径 d_2/mm
1/8	28	8.8	1	11	30
1/4	19	11.7	11/4	11	39.2

续表

尺寸代号	每25.4 mm 内的牙数	钻头直径 d_2/mm	尺寸代号	每25.4 mm 内的牙数	钻头直径 d_2/mm
3/8	19	15.2	11/2	11	41.8
1/2	14	18.9	13/4	11	45
3/4	14	24.4			

2. 攻螺纹时的要点

1）工件上螺纹底孔要倒角，通孔螺纹两端都倒角，这样可使丝锥开始切削时容易切入，并可防止孔口的螺牙崩裂。

2）工件的装夹位置要正确。应尽量使螺纹孔中心线置于垂直或水平位置，使攻螺纹时容易判断丝锥轴线是否垂直于工件的平面。

3）在开始攻螺纹时，要尽量把丝锥放正，然后对丝锥加压力并转动铰杠。当切入1~2圈时，再仔细观察和校正丝锥的位置。根据螺纹质量的要求不同，可以用肉眼直接观察或用钢直尺、直角尺等有直角边的工具检查，要在丝锥的两个互相垂直的方位上进行检查。一般在切入3~4圈螺纹时，丝锥的位置应正确无误，不宜再有明显偏斜和强行纠正。此后，只需转动铰杠，而不应再对丝锥施加压力，否则螺纹牙型将被损坏。

为了在开始攻螺纹时使丝锥保持正确位置，可在丝锥上旋上同样规格的钢制螺母，或将丝锥插入导向套的孔中。攻螺纹时只要把螺母或导向套压紧在工件表面上，就容易使丝锥按正确的位置切入工件孔中。

4）攻螺纹时，每扳转铰杠1/2~1圈，就应倒转1/2圈，使切屑碎断后容易排除，同时不能再施加压力（即只转动不加压），以免丝锥崩牙或攻出的螺纹齿较瘦。

项目三 车削加工

车床是机械加工广泛使用的机械设备，车工是机械加工主要工种之一，车削加工在装备制造业中起着重要作用。

车削加工是在车床上借助工件的旋转运动和刀具的直线或曲线运动，改变工件形状、尺寸、表面状况，使之成为合格工件的一种切削加工方法。

任务一 基本知识

知识点一 安全操作要求

车削加工过程中，工件通常高速旋转，操作起来有一定危险性。所以要严格遵守车削加工安全操作的有关规则。

车削加工的安全操作要求如下。

1）不准穿高跟鞋、凉鞋、拖鞋及短衣短裤，不准戴手套。衣裤不得肥大，所附带的绳不外露。

2）必须戴好防护眼镜，长发者必须要戴防护帽。

3）每天首次开车前认真检查机床各部分是否完好，手柄位置是否得当。若未见异常，则低速运转两分钟，观察主轴、进给系统等是否正常。

4）严禁打闹嬉戏，不准做与操作无关的事情。

5）精神集中，认真仔细，离岗时必须停车。

6）应有应对突发事故（故障）的思想准备和可靠的应对预案（及时切断自动停车、关闭电源等）。

7）装卸工件和刀具必须在停车（主轴静止）时进行，完毕后立即拿下卡盘扳手和刀台扳手。

8）给主轴变速和选取进给量时，要停车扳动手柄。手柄无法扳到位时，应边盘车边扳动手柄直至到位，否则不许开车。

9)工件转动时不得测量、擦拭和抚摸工件。

10)机动和手动进给要注意机台纵、横向各自的极限位置,防止意外事故发生。

11)工件和刀具须装夹牢固,不用手拐切削卡盘和制动卡盘。

12)工具、量具和其他附具用后应放回工具箱。常用的量具可放在主轴变速箱上离卡盘较远的装置。防止变速箱上堆放的物件被震(碰)掉到卡盘上伤人。

13)不随便打开、摆弄机床的罩、盒、电器开关等。

14)选用主轴转速、进给量、背吃刀量等要在规定的范围内,不得随意加大。

15)不许反转(开反车),不许快速进退。

知识点二　车床的功能

车床的基本功能如图3-1所示。此外,还可在车床上进行套扣、拉槽等操作。

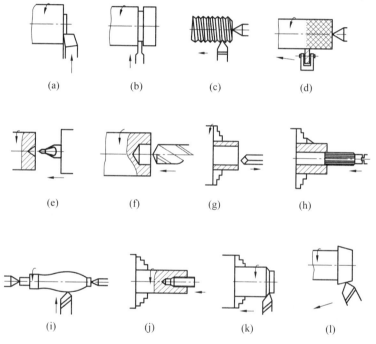

图3-1　车床的基本功能

(a)车端面;(b)切槽、切断;(c)车螺纹;(b)滚花;(e)钻中心孔;(f)钻孔;
(g)车孔;(h)绞孔;(i)车成形面;(j)攻螺纹;(k)车外圆;(l)车圆锥面

车床加工的尺寸公差等级一般为IT9~IT7,表面粗糙度值 Ra 一般为 $6.3 \sim 12.5 \mu m$。

知识点三　车床

图3-2为普通车床外观图。

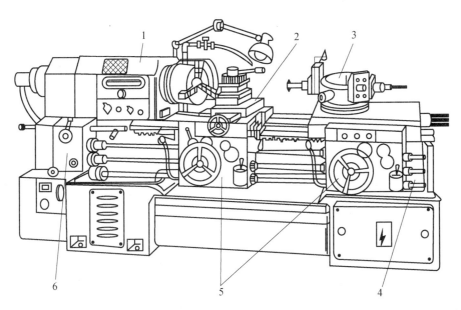

图 3-2 普通车床的外观

1—主轴变速箱；2—前刀架；3—转塔刀架；4—床身；5—溜板箱；6—进给箱

以 CA6140A 车床为例，各部分的名称、功用说明如下。

1）床身。床身用于安装和支承其他部件，其上面有四条平行长导轨，是纵向进给和尾座移动的基准面。床身两端由前床腿和后床腿支承和固定。卧式车床床身（导轨）是水平放置的。操作者站在手柄多的一侧操作，沿着床身和导轨的方向称车床的纵向（即操作者的左右向），左端称床头，右端称床尾，和车床纵向垂直的方向称车床的横向。

2）主轴变速箱，习惯称床头箱，它的作用是支承和固定主轴，变换主轴的转速。主轴为空心轴，用于长料穿过。主轴右端外表有螺纹，以连接卡盘、拨盘等；内有锥孔，以安放顶尖。车床的动力和运动由电动机提供，由皮带轮传给主轴。电动机通常安放在前床腿中。

3）交换齿轮箱，又称挂轮箱。交换齿轮箱把主轴的运动和动力传给进给箱，通过更换其内不同齿数的齿轮，与进给箱配合，可实现机动进给和车削螺纹。

4）进给箱。进给箱把交换齿轮箱传来的运动和动力经变速后经由光杠、丝杠带动溜板箱，分别满足机动进给和车削的需要。

5）溜板箱又称拖板箱、走刀箱。它可实现手动与机动（自动）的转换，可将光杠的转动变为刀具的纵向及横向机动进给，或通过螺母手柄把丝杠的转动变为刀具的纵向移动进行车削。溜板箱上方装有床鞍，用于支承中滑板纵向进给及车螺纹。中滑板用于支承小滑板和横向进给。小滑板用于支承方刀架、车削圆锥对刀及短距离纵向手动进给等。方刀架用于装夹刃具。

6）尾座。尾座用于安装顶尖顶持工件，安装钻头、铰刀等进行孔的加工，或安装丝锥、板牙加工内、外螺纹等。

7）冷却润滑系统。冷却润滑液在后床腿中，用液泵通过液路将其喷注到被加工工件表面，起到冷却作用。

知识点四　刻度盘原理

溜板箱上有随床鞍移动而同步转动的大刻度盘,摇动其手轮,转动一格显示床鞍移动 1 mm。

中滑板和小滑板也有自己的刻度盘和手柄。手柄和中/小滑板、丝杠相连,丝杠的螺距均为 5 mm。将刻度盘圆周等分一百格,刻度盘和手柄同步转动,则每转一周丝杠带动中/小滑板移动 5 mm,刻度盘转动一格,显示中/小滑板移动 0.05 mm。刻度盘用于控制刀具纵、横向移动的距离,即工件的切深、切长。注意:工件直径的减少量是中滑板刻度盘转动量的 2 倍。

知识点五　普通车床附件

常用的车床附件有三爪卡盘、四爪卡盘、顶尖、心轴、跟刀架、中心架、弯板等。

知识点六　常用刀具

常用刀具有车刀、中心钻、麻花钻、铰刀、丝锥、板牙、锉刀、滚花刀等。其中以车刀为主,且车刀种类较多。

车刀可分为外圆车刀、镗孔刀、切断(切槽)刀、螺纹刀、成形刀、圆弧刀等。车刀的切削部分可根据需要磨成不同形状。

车刀分刀头和刀杆两部分。刀头有切削刃,刀杆夹持在刀架上。加工外表面时,车刀装夹在方刀架左侧;加工内表面的车刀又称镗刀,它在刀头和刀杆间有一段细杆,以便伸入工件孔中,装夹在方刀架前侧。

车刀在切削中可能承受很大阻力,产生振动、冲击、高温、磨损等。因此,车刀切削部分应有足够的强度、韧性、硬度、耐高温性、红硬性、耐磨损性等,刀杆应有相应的强度、刚性和韧性等。

常用车刀的材料主要有高速钢和硬质合金两种,前者适用于中、低速切削,后者适用于高速切削。

知识点七　车刀主要几何角度

以外圆车刀为例,车刀刀头部分一般由三面两刃一尖组成,如图 3-3 所示。

前刀面,指切屑流出经过的刀面;主后刀面,指与工件切削表面相对的面;副后刀面,指与工件已加工表面相对的面;主切削刃,指前刀面与主后刀面的相交线;副切削刃,指前刀面与副后刀面的相交线;刀尖,指主切削刃与副切削刃的相交点。

确定车刀角度须借助如下三个辅助平面(见图 3-4、图 3-5)。

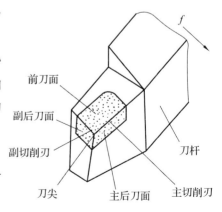

图 3-3　车刀刀头部分

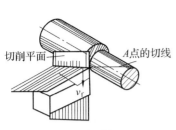

图 3-4 切削平面

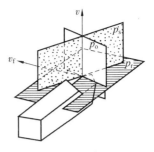

图 3-5 基面

1) 切削平面 p_s。主切削刃上任一点的切削平面是通过该点和工件切削表面相切的平面。

2) 基面 p_r。主切削刃上任一点的基面是通过该点垂直于该点切削速度方向的平面。车刀的基面平行于车刀的底面，主切削刃上同一点的切削平面与基面一定是互相垂直的。

3) 正交平面 p_o。主切削刃上任一点的正交平面是通过该点并垂直于主切削刃（或它的切线）在基面上的投影的截面。

图 3-6 是外圆车刀几何角度图。

前角 γ_o：前刀面与基面在正交平面内的夹角。它影响刀刃强度、锋利度、切削的变形及与前刀面的摩擦等。

后角 α_o：主后刀面与切削平面正交平面内的夹角。它影响主后刀面与工件（切削表面）的摩擦。

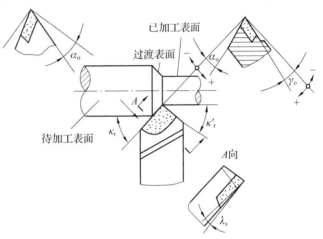

图 3-6 外圆车刀几何角度

刃倾角 λ_s：主切削刃与基面的夹角。它影响刀刃的强度和耐用度，以及切屑流向，如图 3-7 所示。

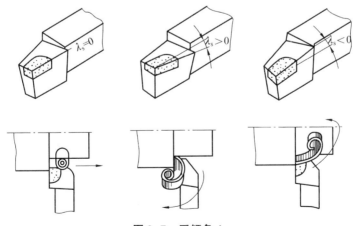

图 3-7 刃倾角 λ_s

刃倾角有正负之分（前角少数情况下也采用负值）。当刀尖是主切削刃最高点时，λ_s 为负值，切屑流向待加工表面；当刀尖是主切削刃最低点时，λ_s 为正值，切屑流向已加工表面。

主偏角 κ_r：主切削刃与进给方向在水平面的投影所成的夹角。改变 κ_r 可影响切屑薄厚、散热及切削力。

副偏角 κ_r'：副切削刃与已加工表面在水平面的投影所成的夹角。它关系到已加工表面粗糙度，减少副切削刃与已加工表面的摩擦。

刀尖角 ε_r：主切削刃与副切削刃在基面的投影所成的夹角。它影响刀头强度和导热能力。车刀的角度因被加工材料不同、加工性质不同在一定范围内选取。

知识点八　车刀的刃磨

磨高速钢车刀、硬质合金车刀和刀杆用白色或紫黑色氧化铝砂轮；磨硬质合金车刀用绿色碳化硅砂轮。刃磨车刀的方法如图 3-8 所示。

1）根据主偏角的大小，使刀杆向左偏斜一定程度；并根据主后角的大小，使刀头上翘一定程度；使主后刀面自下而上慢慢接触砂轮，如图 3-8（a）所示。

2）根据副偏角的大小，使刀杆向右偏斜一定程度；并根据副后角的大小，使刀头上翘一定程度；使副后刀面自下而上慢慢接触砂轮，如图 3-8（b）所示。

3）刀杆尾部下倾，根据前角大小使前刀面倾斜一定程度，使前刀面自下而上慢慢接触砂轮，如图 3-8（c）所示。

4）刀尖上翘，使过渡刃处有后角；左右移动车刀，使切削刃与刀杆底面平行或倾斜一定的角度，如图 3-8（d）所示。

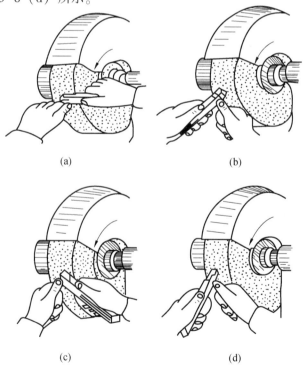

图 3-8　刃磨车刀的方法
（a）磨副后刀面；(b) 磨主后刀面；(c) 磨前刀面；(d) 磨过渡刃

用砂轮刃磨车刀后,还应用油石手工精磨刀面,以降低粗糙度,进一步提高切削性能和加工质量。

刃磨时应戴防护眼镜,注意安全。操作时尽量站在砂轮侧面,双手拿稳车刀,用力均匀,缓慢左右(上下)移动。一般应用砂轮圆周面刃磨,开断屑槽时可用圆周面和侧面相交的棱角刃磨。为防止车刀过热退火,可浸水冷却(硬质合金刀片除外,否则刀片会产生裂纹)。

知识点九　切削运动和切削用量

切削加工时,工件和刀具的相对运动为切削运动,如图3-9所示。切削运动由主运动和进给运动组成。

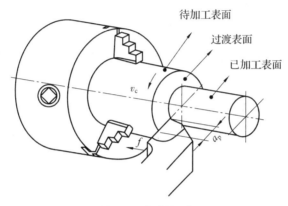

图3-9　切削运动

主运动一般消耗功率最大,转速最高。对车削来说,主运动是工件的旋转运动,进给运动是车刀相对于工件的移动(走刀)。刀具在每次切削中,工件上都有3个变化着的表面:待加工表面、过渡表面、已加工表面。

切削速度、进给量、背吃刀量称为切削用量,也称为切削三要素。切削速度 v_c ,指主运动的最大线速度(m/min);进给量 f ,指工件相对于刀具每转一周,刀具沿进给方向所移动的距离(mm/r);背吃刀量 a_p ,指待加工表面到已加工表面的垂直距离(mm)。切削用量是影响加工质量和加工效率的主要因素。

知识点十　粗车与精车

工件毛坯一般都留有足够余量,有些部位甚至余量很大。锻件和铸件的内外表面形状多数不规则,同一尺寸在不同部位并不均匀。仅通过一次车削就将全部尺寸加工至合格,不但不科学,而且也是不可能的。

科学合理有效的加工方法是将对工件的车削加工分为粗车和精车两阶段(有时还有半精车)进行,先粗车后精车,这样才可能加工出合格、优质产品。粗车就是"大刀阔斧"地将毛坯余量尽快车削掉,给精车留有合理余量,然后是精车(半精车),就是将粗车(半精车)留下的加工余量仔细地车削掉,使工件符合图纸要求。粗车时,一般背吃刀量、进给量较大,用粗车刀;精车时,背吃刀量、进给量明显减少,用精车刀。

知识点十一　试车

试车就是先在进给方向上切削加工 1 mm 左右，不变动车刀背吃刀量，再停车测量，确认尺寸符合预定要求后，再进给切完这一刀。

试车很重要，粗车的最后一刀和精车的每一刀都必须试车，否则很可能车出废品。车削外圆时，外径随着切削刀次增加而逐渐减少，应遵循"宁大勿小"的原则车至合格尺寸；车削内孔时，工件内径则由小增大，应遵循"宁小勿大"的原则车至合格尺寸。

车削时还应根据工件材料、刀具材料、加工性质及工艺要求合理选用切削液。粗加工一般用乳化液，精加工用切削油。切削液的选用可参考表 1-2。

知识点十二　车床的日常维护保养

为保证车床的加工精度，延长车床的使用寿命、提高生产效率，必须对车床进行日常维护保养。

使用车床时，必须合理选用切削用量，杜绝超负荷切削；严格执行操作规则，杜绝机械事故；保证自润滑系统油量充足，每天工作前用油枪对各注油孔注油；用后清除床面上的切屑、切削液及杂物，清理干净后应加注润滑油。

任务二　车削加工前的准备

知识点一　确认图纸技术要求

图纸是重要的技术文件，是加工的依据。加工前必须确认工件的几何形状、尺寸、表面质量和形位公差等技术要求，如有疑义应提出，还要检查确认毛坯材质、尺寸等是否符合要求。

知识点二　确定工序

用切削刀具在机床上加工工件的过程称为机械加工工艺过程，通常把合理的工艺过程编写成用于指导生产的文件。这类文件一般称为工艺规程，通常以卡片形式出现。

工艺过程由一个或数个工序依次排列组合而成，毛坯通过这些工序被制成产品。工序是指在机床上对一个或多个相同工件的各部位按先后顺序进行加工所完成的那部分工艺过程，它是工艺过程的最基本组成元素。

车削如图 3-10 所示的轴，如果只有一件，则车端面，钻中心孔及粗、精车各外圆等都在一台机床上连续进行，只有一道工序。若工件数量多，加工工艺过程可分为三道工序：第一道工序为车端面和钻中心孔；第二道工序为粗车各外圆和倒角；第三道工序为精车各外圆。对工件进行车削加工时，不能随意先加工或后加工某一部分或某一尺寸，必须根据尺寸大小、形状特点、精度要求等拟定合理工序。

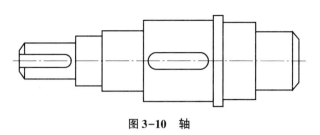

图 3-10 轴

知识点三　选择工具、夹具、量具、刀具

根据对工件图纸的理解分析和拟定的工序，确定所用工具、装夹方法及夹具、适合的量具及刀具。车刀材料、角度等对车削加工的质量和效率非常重要，应根据工件材料、形状尺寸、精度等选择刀具的材料、形状和角度等。

知识点四　选择基准

基准指工件上用来确定工件其他的点、线、面位置的点、线、面，基准分为设计基准和工艺基准。

1. 设计基准

设计基准是图纸上标注尺寸所依据的点、线、面。车工必须熟悉了解图纸的设计基准。对工件的安装、加工和测量都应根据设计基准来完成，这样才能清除设计误差，保证加工质量。图 3-11 为设计基准示意图。

2. 工艺基准

工艺基准是指工件在加工、测量及装配中所依据的工件本身的点、线、面，其又分为定位基准和测量基准。

（1）定位基准

车削时，工件上被用以确定工件位置的点、线、面叫作定位基准，如图 3-12 所示。

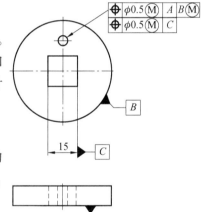

图 3-11　设计基准示意

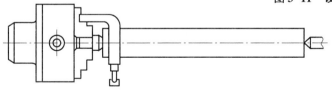

图 3-12　定位基准

（2）测量基准

测量基准是指测量工件加工面的位置和尺寸时所依据的点、线、面，如图 3-13 所示。

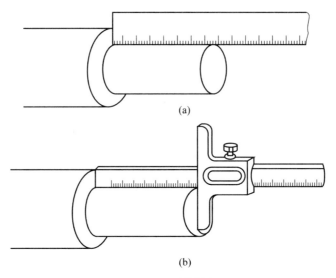

图 3-13 测量基准

(a) 以左侧大圆面为基准；(b) 以右端面为基准

选择基准时，应尽量选择设计基准作为定位基准，即遵循基准重合原则。

任务三 车削外圆

知识点一 车刀的选择

1. 车刀形式的选择

车刀形式的选择如图 3-14 所示。

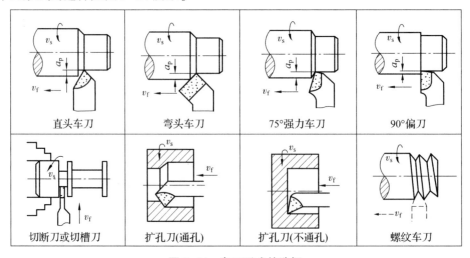

图 3-14 车刀形式的选择

2. 车刀角度的选择原则

车刀角度的大小与工件材料、刀具材料和加工性质（粗、精车）有关，其中影响最大的是工件材料。前角：切削塑性材料（如钢）时取较大值，切削脆性材料（如铸铁）时取较小值；粗车和断续切削时小些，精车时大些；高速钢车刀的前角应比硬质合金车刀大些。

后角：加工塑性材料时大些，加工脆性材料时小些；粗加工时小些，精加工时大些。

刃倾角：粗车和断续切削取正值，精车时取负值。

主偏角：工件材料硬时应选小值，材料刚性差时应选大值，车台阶轴时选择90°。

副偏角：原则上也是小些好，精加工时应选小值。

车刀角度选择如表3-1所示。

表3-1 车刀角度选择

工作材料	前角 γ_o	
	粗车	精车
Q235	18°~20°	20°~25°
45钢（正火）	15°~18°	18°~20°
45钢（调质）	10°~15°	13°~18°
45钢、40Cr铸钢件或锻件断续切削	10°~15°	5°~10°

知识点二 刀具装夹

安装车刀前，应先锁紧刀台。刀尖伸出刀台长度一般不大于刀杆厚度的2倍，如图3-15（a）所示。需要用刀垫增加高度时，刀垫要平整，数量尽可能少，前端不得缩进刀台内，用刀台螺栓夹紧车刀后，刀尖高度应与主轴轴线等高。可在尾座安装顶尖，用其尖点作参照。通常粗车外圆（或精车内孔）时，刀尖可稍高些；精车外圆（或粗车内孔）时，刀尖可稍低些。

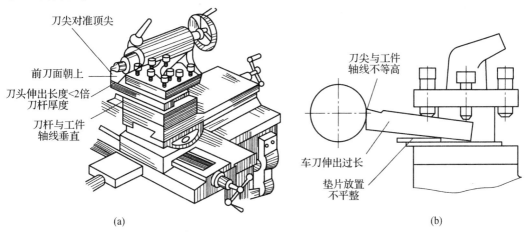

图3-15 刀具装夹
（a）正确操作；（b）错误操作

知识点三 工件的装夹

多数工件用三爪自定心卡盘装夹；外形不规则或带偏心的工件用四爪单动卡盘装夹；车削长径比大于 10 的轴类件，采用一夹一顶或二顶方式装夹。采用一夹一顶装夹方式时，为防止工件轴向位移，应有限位措施，如图 3-16 所示。车削长径比大于 20 的轴类件，除夹、顶外，还要用中心架或跟刀架。工件装夹时，一定要夹紧、顶实。

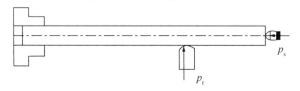

图 3-16 工件的装夹限位

知识点四 切削用量的选择

切削三要素中，对刀具耐用度影响最小的是背吃刀量，最大的是切削速度。粗车时，尽量选大的背吃刀量和进给量，然后选择合理的切削速度；精车时，由于余量小，背吃刀量自然小，一般一刀即可将余量切除，取小的进给量。用高速钢车刀精车时，选小的切削速度（<5m/min）；用硬质合金车刀精车时，选大的切削速度（>80m/min）。

加工高硬度工件或断续切削时，应显著降低切削用量值。对于高速钢车刀，如果切屑是白色或黄色，表明切削用量选用较合理。对于硬质合金车刀，切屑为蓝色是合理的；如为白色，说明车刀还没充分发挥作用，可提高切削用量；若车削出现火花，通常是切削速度过高，宜下调。

知识点五 车削操作

首先要明确车削工件尺寸（外径），工件尺寸是逐刀减小的，下偏极限差常为负值。然后确定背吃刀量，选好主轴转速和进给量，将相关手柄调整到位。

如有必要，可先在工件欲车长度位置表面划线。方法是将刀尖对准该长度的起点（端面或阶台面），刀尖不接触工件，正向摇动床鞍至所需长度（用床鞍刻度盘或金属直尺定长），开车横向进刀划一浅线。横向退刀、纵向退刀至起点处对刀，使刀尖轻微接触待加工表面，记下中滑板刻度盘刻度数，横向退刀、纵向退刀至离起切点 2~3 mm 的位置，或横向不退刀、纵向直接退刀按确定的背吃刀量横向进刀，纵向自动进给车外圆［如图 3-17（a）、（b）所示］。进给走刀时，要观察切屑颜色、已加工表面质量、回转顶尖跟工件同步转动的情况等是否正常；要听是否有异常声音、振动等。发现异常应立即采取措施，排除隐患。走刀至离预定长度 2~3 mm 处提前切断自动进给，背吃刀量不变，手动横向退刀、纵向退刀至起切处。如加工尺寸较长或圆柱度要求较高，则应停车测量已加工表面两端直径，看尺寸误差是否在允许范围内，超差则调整至允许值范围内。接下来车削第二刀、第三刀……直至将工件加工至要求尺寸。后一刀的背吃刀量以前一刀的中滑板刻度盘刻度为起点，不必再对刀［如图 3-17（c）、（d）所示］。粗车最后一刀和精车每一刀都必须试车，其方法步骤如图 3-17 所示。

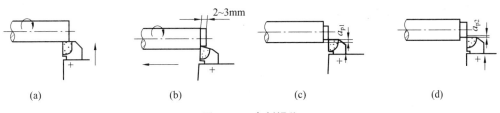

图 3-17 车削操作

(a) 开车对刀；(b) 试切 2~3mm；(c) 横向进给 a_{p1}；(d) 调整至 a_{p2}，自动进给车外圆

任务四　车端面、钻中心孔

车削端面如图 3-18 所示。车削完整端面最好用 45°车刀，也可用 90°车刀。安装工件时，要对其外圆和端面找正，刀尖应对准主轴中心，以免车出凸台造成车刀崩刃。端面质量要求高时，最后一刀应由中心向外切削。端面大时，为使横向进给准确，保证背吃刀量，应将床鞍紧固在床身上，用小滑板调整背吃刀量。

中心孔主要用来顶持工件，它是由中心钻钻出的。钻中心孔时应将工件置于水平位置，应选择高的转速，进给要慢，最好注油润滑，并注意退出清屑，防止折断中心钻。

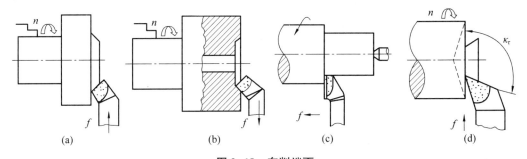

图 3-18 车削端面

(a) 平端面；(b) 车削内孔端面；(c) 车削外端面；(d) 车削锥面

任务五　孔加工

通过车床可以在实心工件上钻出孔，也可以对钻出的孔或原先已有的毛坯孔进行车削加工。车削孔时，孔内径是逐刀增大的，孔的上偏极限差多为正值。

知识点一　钻孔

钻孔时，通常先钻出中心孔，然后用麻花钻钻孔。直径小的麻花钻多为直柄，直径大的多为锥柄。用中心钻和直柄钻头钻孔时，要将其装夹在钻夹头上（如图 3-19 所示），钻夹头装入尾座套筒中，调整尾座位置，在保证钻头行程的前提下，尽量减少套筒前伸量，将尾座固定；调整好主轴转速后开车，缓慢摇动尾座手轮进给钻孔（如图 3-20 所示）。

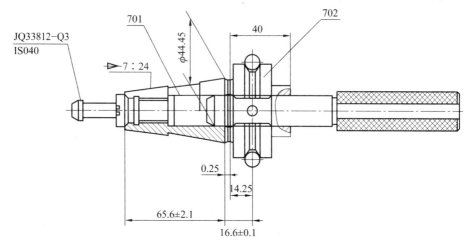

图 3-19 钻夹头装夹

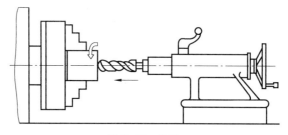

图 3-20 钻孔

为提高生产效率、减轻劳动强度，可用 V 形块将直柄钻头装在刀架上，也可将钻头通过专用工具装在刀架上，如图 3-21 所示。通过这样的方法可将手动进给变为机动进给。

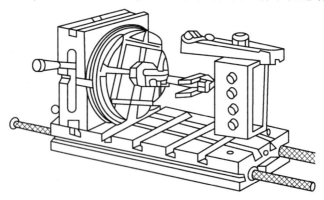

图 3-21 钻头装夹在刀架上

孔加工比外表面加工困难，主要原因是排屑困难，其切削用量应比加工外圆小。钻孔不论用何种方式，都要注意常退出钻头排屑，必要时还需加注冷却液。

钻削加工精度低，应给后续工序留有足够余量。钻大孔（$D>430$ mm）前可先钻小孔，再用大钻头（或扩孔钻）扩孔。用长径比较长的细长钻头钻孔时，要防止钻头跳动。

用较长的钻头钻孔时，为了防止钻头的跳动，可以在刀架上夹一铜棒或挡铁，轻轻支顶住钻头头部，使它对准工件的回转中心；然后缓慢进给，当钻头在工件上已正确定心并正常钻削以后，把铜棒退出。

知识点二　镗孔

图 3-22 所示为内孔刀的基本形式和用途。内孔刀又称镗刀，其加工的孔又称为管孔。镗刀刀尖到刀杆外端的距离 a 应小于孔的半径 R，否则无法车平孔的底面。

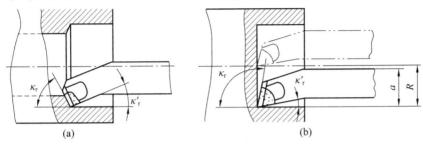

图 3-22　内孔刀的基本形式和用途

(a) 不能车平底面；(b) 能车平底面

为防止镗刀后刀面和孔壁摩擦，又不能使后角磨得太大，一般磨成两个后角，如图 3-22 所示。

内孔车刀的装夹方向与外圆车刀不同：刀杆与车床纵向同向，装在刀架前侧。刀杆伸出长度尽量短些。刀尖与主轴轴线应等高。粗车时可稍微低点，精车时可稍微高点。

操作时要先试一下刀杆是否够长以及是否能触及孔壁，方法是摇动床鞍，将刀纵向缓慢送入待加工孔内。除用床鞍刻度控制镗孔深度外，还可用在刀杆上做记号或在刀杆上固定一片薄铜板等方法，粗略控制镗孔深度，调整好切削用量开车车削。加工孔时横向进刀、退刀的方向与加工外圆时相反。刀杆在孔中横向活动的空间小，横向退刀时要缓退，避免刀杆碰到对面孔壁，划伤已加工表面，甚至造成废品或事故。

镗盲孔平底时，刀尖一定要与主轴中心线等高，否则底孔中心会出现凸面。镗孔也要注意试切。测量孔径时用两用卡尺的上量爪或双面卡尺的下量爪，卡尺测量爪要通过被测部位直径、不歪斜，保证测量准确。

任务六　车削特形面

特形面，简单地说，就是带有曲线的表面，也称成形面。机器上常见的单球手柄、三球手柄、橄榄手柄等都是常见带有特形面的零件，如图 3-23 所示。特形面多为外表面。

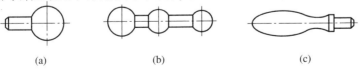

图 3-23　常见带有特形面的零件

(a) 单球手柄；(b) 三球手柄；(c) 橄榄手柄

知识点一 车削特形面的方法

1. 成形刀法

成形刀也称样板刀，成形刀法是将刀具刃磨成和工件特形面相对应的形状，从径向或轴向进给将特形面加工成形的方法。成形刀的切削刃较一般车刀的切削刃为宽，制造和使用时要考虑切削抗力因素。例如，工件特形面不宽，成形刀可做成整体的；特形面宽，可将其划分成几段，将整个特形面分段加工成形。

成形刀可分为普通成形车刀（见图3-24）、棱形成形车刀、圆形成形车刀（见图3-25）和分段切削成形车刀（见图3-26）等。

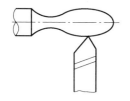 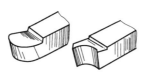 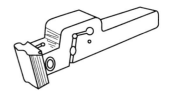

图3-24 普通成形车刀　　图3-25 圆形成形车刀　　图3-26 分段切削成形车刀

圆形成形车刀的主切削刃只有低于圆轴中心时，其才能产生正确的后角。主切削刃低于中心的距离 H 的计算式如下，即

$$H = D/(2\sin\alpha_o)$$

式中，D 为圆形成形车刀直径；α_o 为后角，一般为 6°~10°。用成形刀车削特形面，只有成形刀主切削刃与工件回转中心线（主轴中心线）等高，才能车出正确的形状。

由于成形刀的主切削刃宽，容易产生振动，应用较低的切削速度和小的进给量车削特形面；且必须先粗车，后用成形刀精车（精车时宜用手动进给）。采取反切（工件反转，成形刀反装）的方法可减小振动。成形刀车削时一般要加润滑油，且成形刀车削特形面的方法适于大批量加工，不适于单件小批量加工。

2. 靠模法

靠模法也称仿形法，可分为靠板靠模法（见图3-27）和尾座靠模法（见图3-28）等。

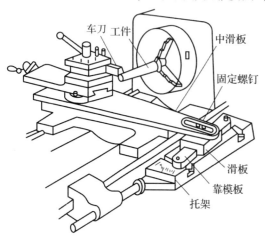 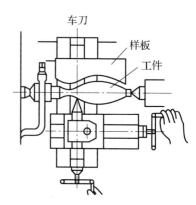

图3-27 靠板靠模法　　图3-28 尾座靠模法

用靠模法车削纵向特形面时，要卸去中滑板丝杠；车削横向特形面则不用卸。靠模法车削特形面用圆弧刀。这种方法适用于大批量加工，且只适用于加工凸凹变化不大且不突然的成形面。

3. 工具法

工具法就是制造专用工具车削特形面。专用工具有多种，这种方法适于批量加工。

4. 双手控制法

双手控制法是车削特形面常用的方法。操作者一只手用床鞍或小滑板、手柄控制纵向进给，另一只手用中滑板手柄控制横向进给，双手协调动作，使车刀的切削轨迹与特形面的曲线相仿。

用双手控制法车削特形面时，一定要从直径大处往直径小处切削，即纵向正进给和反进给都可切削，横向只有正进给才能切削，反进给（退刀）不需切削。

这种方法的优点是不需要特殊工具；缺点是不如前几种方法加工精度高，且劳动强度大、效率低，适于单件或精度要求低的零件加工。双手控制法车削特形面用圆弧刀。

知识点二　特形面的检测

通常形状精度用样板检验，球面还可用内径和球直径相同的套环检测。尺寸精度可用卡尺和千分尺检测，表面粗糙度用对比法检验。

任务七　车削圆锥面

知识点一　圆锥及其计算

表面素线（母线）和该表面的回转中心线成一夹角，则该表面称为圆锥面。圆锥面在外，称圆锥体；圆锥面在内，称圆锥孔（或圆锥套）。相同锥度的内外圆锥面配合使用，具有同轴度高、装卸方便、可传递很大扭矩的特点。

圆锥在机器制造中应用广泛，如车床的尾座套筒就是圆锥套，通过它可以方便地装卸顶尖、钻夹头、锥柄钻头及专用工具等进行切削加工。

1. 标准圆锥

常用标准圆锥有米制圆锥和莫氏圆锥两种。米制圆锥有40、60、80、100、120、160、200共7个型号，数值表示圆锥的端直径（mm），它们锥度相同（均为1∶20）。

莫氏圆锥有0、1、2、3、4、5、6共7个型号，大端直径依次为9.045mm、12.065mm、17.780mm、23.825mm、31.267mm、43.399mm、63.348mm。它们的锥度不等，略有差异，约在1∶19～1∶20之间。有锥柄（孔）的工具、刀具等常做成标准圆锥体（孔）。

2. 圆锥各部分名称

以图 3-29 所示的圆锥面为例：

大端直径 D，圆锥面上大端的直径；

小端直径 d，圆锥面上小端的直径；

圆锥角 α，两条素线间的夹角；

圆锥半角 $\alpha/2$，圆锥角的一半，圆锥任一素线与其轴线的夹角，也称斜角；

圆锥长度 L，圆锥大、小端面间的距离；

锥度 C，圆锥两端直径之差与圆锥长度之比；

斜度 S，锥度的一半，圆锥两端直径之差的一半与圆锥长度之比。

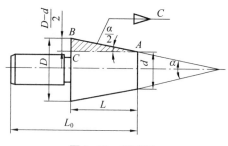

图 3-29 圆锥面

3. 圆锥计算

锥度计算公式为

$$C = (D-d)/L$$

斜度计算公式为

$$S = \tan(\alpha/2) = (D-d)/2L$$

知识点二 车削内、外圆锥的方法

由于圆锥素线与圆锥轴线的夹角等于圆锥半角 $\alpha/2$。因此，车削圆锥时，刀具运动轨迹与轴线的夹角也必须等于 $\alpha/2$，才能保证锥度正确。

1. 转动小滑板法

这种方法适于车削内、外圆锥面（内、外锥面），如图 3-30 和图 3-31 所示。

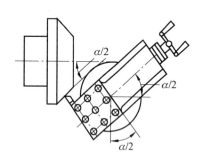

图 3-30 车削外圆锥

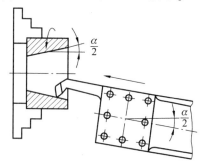

图 3-31 车削内圆锥

将小滑板转动 $\alpha/2$ 度，使车刀移动的方向与圆锥素线方向平行，摇动小滑板，即可车出内、外圆锥面。这种方法一般要经几次试车调整才能使小滑板转动的角度等于 $\alpha/2$，车出符合锥角的锥面。这种方法操作简单，可加工任意锥度锥面；但加工长度受小滑板行程限制，且需手动进给，劳动强度大、加工质量不高、效率低，适于单件和小批量加工。

2. 偏移尾座法

偏移尾座法只适于加工外锥面，且只适于角度小而圆锥长度较长的工件。

车削时,将工件装夹在两顶尖之间,使尾座横向偏移 s 距离,使工件旋转轴线与车刀纵进给方向相交 $\alpha/2$,即可正确车出外圆锥,如图 3-32 所示。

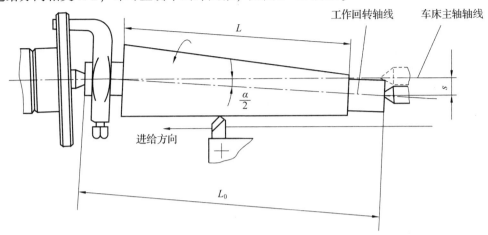

图 3-32 偏移尾座法

尾座的偏移量不仅与圆锥长度、圆锥半角有关,还和两顶尖间的距离(工件长度)有关。尾座偏移量的计算式为

$$s = L_0 \tan(\alpha/2) - [(D-d)/2L] L_0$$

$$s = CL_0$$

式中　　s——尾座偏移量;

　　　　L_0——工件长度;

　　　　α——圆锥角(°);

　　　　D——大端直径(mm);

　　　　d——小端直径(mm);

　　　　L——圆锥长度(mm);

　　　　C——锥度。

这种方法可纵向自动进给,劳动强度低、加工质量好、效率高。

3. 靠模法

靠模法(又称仿形法)是刀具使用靠模装置车削圆锥的方法。图 3-33 所示是靠模法车削外锥面的基本原理。靠模法也可车内锥面。车内锥面时深度不宜太深,锥角也不宜过大。

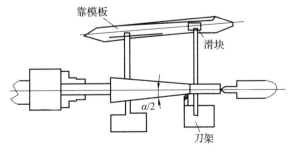

图 3-33 靠模法车削外锥面

这种方法有和偏移尾座法相同的优点,适用于加工精度要求高或批量大的工件。

知识点三　圆锥测量

当工件数量多时,可用角度样板测量锥度或角度。当锥面配合精度要求较高时,可用圆锥量规涂色法检验。圆锥的锥度或角度检验合格后,还要检验它的大、小端直径尺寸或圆锥长度,一般用锥度界限量规检验。车削圆锥时,刀尖必须与工件轴线等高,否则锥面截线不是直线,而是曲线。

任务八　车槽与切断

知识点一　切断刀

切断刀的形状和角度如图3-34、图3-35所示。切断刀的切削刃与刀杆相互垂直,主切削刃较窄、刀头较长、强度低其两个副后角和两个副偏角是对称的,切削时以横向进给为主。

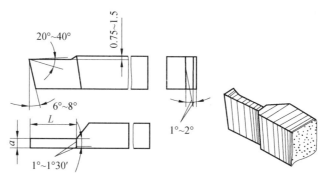

图3-34　高速钢切断刀的形状和角度

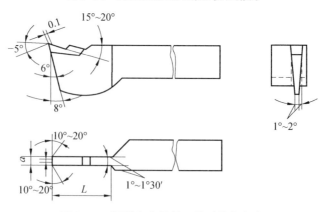

图3-35　硬质合金切断刀的形状和角度

装夹工件时,主切削刃必须与工件轴线等高,否则可造成崩刃或切断刀折断。刀杆的底平面要平整,否则会造成切断刀两个副后角不对称。

知识点二　车槽与切断

车槽刀的刀头比切断刀短些，通常可以用切断刀代替车槽刀。

切断方法示意图如图 3-36 所示。切断较大直径的工件时，可用反切法，即让工件反转、车刀刀刃朝下切削。

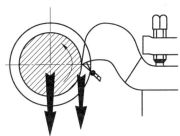

图 3-36　切断方法示意

车槽、切断时有以下几点注意事项：
1）适当增大刀具前角，减小后角，以减小振动；
2）机床的工件刚性不足时，不能用自动进给直接切断；
3）采用一夹一顶或二顶方式装夹工件，以防工件飞出伤人；
4）中、小滑板的塞铁应松紧适度（稍紧为好），以防引起振动；
5）用硬质合金切断刀切削时中途不能突然停车，否则会造成刀刃碎裂；
6）手动进给要尽量匀速（宜慢些），尤其是切断时。

任务九　车削螺纹

在生产、生活中，带有螺纹的零件很普遍。人们骑的自行车，用的笔，装饮料的瓶子，车床的丝杠，刀台紧固栓，加工螺纹用的板牙、丝锥，千分尺等都带有螺纹。螺纹可以说是应用广泛，随处可见。螺纹有连接、传动、紧固、测量、密封、切削、调位等功能。

知识点一　螺纹

螺纹是在圆柱（或圆锥）内、外表面加工形成的，常用螺纹如图 3-37 所示。

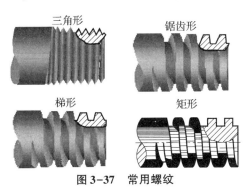

图 3-37　常用螺纹

螺纹按牙型特征可分为三角形螺纹、矩形（方形）螺纹、锯齿形螺纹和梯形螺纹等；按螺旋线的方向可分为右旋螺纹和左旋螺纹；按螺旋线的数量可分为单线螺纹和多线螺纹；按螺纹标准还可以分为标准螺纹、特殊螺纹和非标准螺纹。

标准螺纹的牙型、公称直径、螺距等都符合标准规定，通用性高、应用广泛。标准螺纹包括三角形螺纹、梯形形螺纹、锯齿形螺纹等。

三角形螺纹中，普通螺纹又是标准螺纹中应用最广泛的，它可分为粗牙螺纹和细牙螺纹。

知识点二　螺纹的主要参数

三角形螺纹的主要参数如图 3-38、表 3-2 所示，三角形螺纹各部分名称和代号如下：

1）外螺纹大径 d，外螺纹的顶径，又称公称直径；

2）外螺纹小径 d_1，外螺纹的底径；

3）内螺纹大径 D，内螺纹的底径，又称公称直径；

4）内螺纹小径 D_1，内螺纹的顶径；

5）螺纹中径 d_2、D_2，中径是一个假想圆柱的直径，该假想圆柱素线通过螺纹牙型时，牙型宽度与牙槽宽度相等，这个假想圆柱的直径就是螺纹的中径，相互配合的内、外螺纹的中径应相等；

6）螺距 P，相邻两牙在中径线上对应两点间的距离；

7）导程 P_h，在同一螺旋线上，相邻两牙对应两点间的距离，导程等于螺距乘以螺旋线数；

8）牙型高度 h，螺纹牙顶和牙底在垂直于螺纹轴线方向的距离；

9）牙型角 α，在过螺纹轴线的轴向截面内，相邻两牙侧的夹角；

10）螺纹升角 ϕ，在中径圆柱上，螺旋线的切线与垂直于螺纹轴线的平面的夹角，不同直径处的螺纹升角不等，随着直径增大而减小；

11）原始三角形高度 H，牙形侧边相交形成的牙形所在完整三角形的高度，也称螺纹的理论高度、理论牙深。

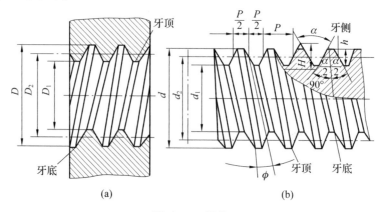

图 3-38　螺纹

（a）左旋内螺纹；（b）右旋外螺纹

表 3-2 三角形螺纹的尺寸计算

	牙型角	α	60°
外螺纹	原始三角形高度	H	$H = 0.866P$
	牙型高度	h	$h = \frac{5}{8}H = \frac{5}{8} \times 0.866P = 0.5413P$
	中径	d_2	$d_2 = d - 2 \times \frac{3}{8}h = d - 0.6495P$
	小径	d_1	$d_1 = d - 2h = d - 1.0825P$
内螺纹	中径	D_2	$D_2 = d_2$
	小径	D_1	$D_1 = d_1$
	大径	D	$D = d$
	螺纹升角	φ	$\tan \phi = nP/d_2$

知识点三 螺纹代号与标记（标注）

普通螺纹代号应按顺序先后表达出如下内容：

1）螺纹牙型、公称直径、螺距（或导程、线数）、旋向、公差带、旋合长度、旋向；
2）螺纹副的公差带要分别标注出内、外螺纹公差代号，中间用斜线分开；
3）螺纹代号标注在螺纹大径上；
4）粗牙普通螺纹、管螺纹不标螺距，它们的螺距和公称直径是相对应的；
5）右旋螺纹中等旋合长度省略不标。

标记示例：

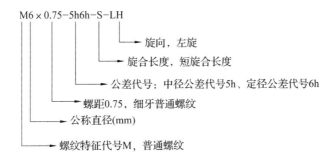

知识点四 螺纹车刀

1. 基本要求

螺纹车刀的牙型角（刀尖角）要等于螺纹的牙型角。

精车时，车刀的径向前角应为 0°；粗车时允许有 5°~15°的径向前角，因受螺纹升角的影响，车刀两侧刃的静止后角不等，进给方向一侧后角应大些，一般应保证车刀两侧均有 3°~5°的工作后角，两侧刃的直线度要好。

2. 三角形螺纹车刀

三角形螺纹车刀材料通常为高速钢和硬质合金。高速钢车刀便于刃磨、切削锋利、韧性好、能承受较大的冲击力，但其耐热性差，不能高速切削，高速钢三角形外螺纹车刀如图 3-39 所示。

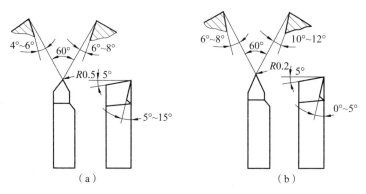

图 3-39　高速钢三角形外螺纹车刀

(a) 粗车刀；(b) 精车刀

硬质合金车刀硬度较高、耐磨性好、耐高温，但抗冲击、抗振动能力差，可高速切削。为增强刀刃强度，常在硬质合金车刀的两侧刃上磨出宽 0.2~0.4 mm 的负倒棱，高速车螺纹时，因挤压力过大，会造成牙型角增大，故硬质合金车刀的刀尖角磨成 59°30′。硬质合金三角形外螺纹车刀如图 3-40 所示。

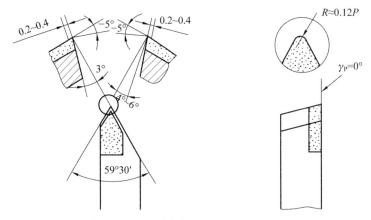

图 3-40　硬质合金三角形外螺纹车刀

3. 梯形螺纹车刀

高速钢梯形外螺纹车刀如图 3-41 所示。

高速钢梯形螺纹粗车刀的尖角可小于螺纹牙型角，主切削刃宽度可略小于螺纹牙槽底宽。高速钢梯形螺纹精车刀的径向前角为 0°，以便保证牙型精度，两侧刃夹角等于牙型角。为排屑顺利，两侧刃应有较大前角（$\gamma = 10° \sim 20°$）。硬质合金梯形外螺纹车刀如图 3-42 所示。

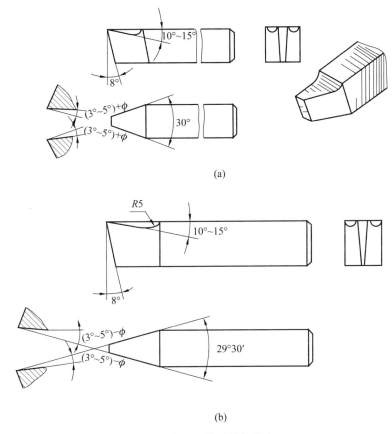

图 3-41 高速钢梯形外螺纹车刀

（a）粗车刀；（b）精车刀

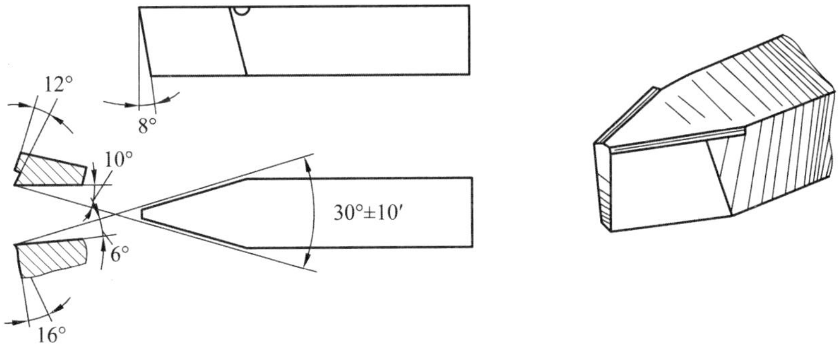

图 3-42 硬质合金梯形外螺纹车刀

4. 螺纹车刀的刃磨和装夹

螺纹车刀属于成形刀，要保证加工螺纹的牙型精度，就必须正确刃磨和装夹螺纹车刀。本文以三角形螺纹车刀的刃磨和装夹为例讲解。

（1）刃磨

1）先粗磨主后刀面，再磨副后刀面，初步形成两侧后角和刀尖角。

2）粗磨、精磨前刀面，保证前角正确。

3）精磨主后刀面和副后刀面，保证两侧后角合理、刀尖角正确，两侧切削刃平直，刀尖角决定螺纹的牙型角，刃磨时必须用螺纹角度样板（对刀板）正确检验，如图3-43所示。

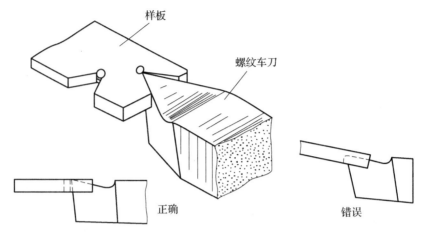

图3-43 用螺纹角度样板检验

（2）装夹

1）刀尖与工件轴线等高且平行。

2）两切削刃的对称中心线必须与工件轴线垂直，要用对刀板检验，如图3-44所示。

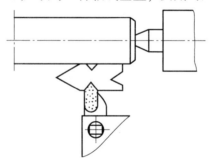

图3-44 用对刀板检验

（3）注意事项

1）磨主后刀面时，保证有一定的角度。

2）粗磨两侧后刀面时，使刃倾角、两侧后角（副后角）和主切削刃的宽度基本正确。

3）磨前刀面时，保证主切削刃平直光洁、前角正确。

4）精磨两侧副后刀面时，保证主切削刃宽度和刀尖角正确，两侧刃对称，刀尖必须用螺纹角度样板或游标万能角度尺检验。

知识点五　三角形螺纹的车削

三角形螺纹的车削方法可分为正反车法和开闭螺母法；按切削速度高低可分为低速车削和高速车削。

当丝杠螺距是螺纹螺距的整数倍时，可用开闭螺母法，就是车削时闭合对开螺母，退刀时开启对开螺母。否则只能用正反车法，即车削过程一直闭合对开螺母，用开反车纵向退刀，直至车完。开闭螺母法简单快捷。

低速车削三角形外螺纹的进刀方法如图 3-45 所示。

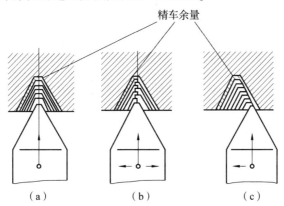

图 3-45　低速车削三角形外螺纹的进刀方法
(a) 直进法；(b) 左右进给法；(c) 斜进法

1) 直进法只用中滑板横向进给，适用较小（$P \leq 3$ mm）螺距。

2) 左右进给法用中滑板横向进给，同时，还用小滑板向左、向右微量进给，这种方法只有一个切削刃切削，排屑切削、不易扎刀，但操作复杂。

3) 斜进法除直进外，同时每次进刀把小滑板只向一个方向作微量进给，让车刀一个侧刃切削。用斜进法粗车后，可用左右进给法精车。

后两种方法一般在 $P>3$ mm 时采用，通常精车后，用直进法（很小背吃刀量，如 0.02 mm 以下）确定牙型牙深。

高速切削三角形外螺纹只能用直进法，否则切削会拉伤牙型侧面。

知识点六　多线螺纹的车削

多线（也称多头）螺纹的螺旋线分布特征是在轴向等距分布，在端面等角度分布，如图 3-46 所示。

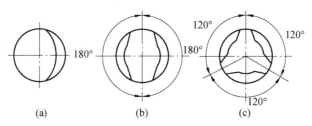

图 3-46　多线螺纹的螺旋线分布特征
(a) 单线；(b) 双线；(c) 三线

根据螺旋线分布特征，多线螺纹的分线方法有轴向分线法和圆周分线法。

轴线分线法就是在车好一条螺旋线后，利用小滑板或百分表使车刀沿工件轴向移动一个螺距,再车削第二、第三条螺旋线,一直到车完。

圆周分线法是车好一条螺旋线后,脱开主轴与丝杠间的传动链,让主轴(工件)旋转 θ 角度(θ=360°/线数)后再车第二、第三条螺旋线,直到车完。

知识点七　螺纹测量

螺纹测量所用工具及测量方式如图 3-47、图 3-48 所示。

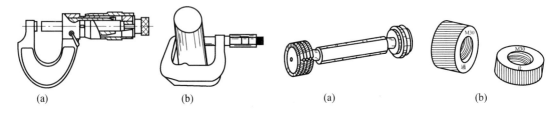

图 3-47　螺纹测量的工具及测量方式
(a) 螺纹千分尺;(b) 测量方式

图 3-48　螺纹量规
(a) 螺纹塞规;(b) 螺纹套规

1. 单项测量

单项测量包括分别测量螺纹的顶径、螺距、中径。三角形螺纹的中径可用螺纹千分尺测量,也可用三针法或单针法测量;梯形螺纹、螺杆的中径常用三针法或单针法测量。

2. 综合测量

综合测量是利用螺纹量规对螺纹顶径(小径)、螺距、中径等进行综合性检验的一种测量方法。此方法简便,对标准螺纹或大批量加工最适宜。

螺纹套规(又称环规)用于检测外螺纹,螺纹塞规用于检测内螺纹。

任务十　滚花与滚压

知识点一　滚　花

有些工具、量具和机械零件,如千分尺上的测微筒、机床刻度盘等,为增加摩擦和美观在其表面滚压出花纹,这就是滚花(见图 3-49)。

滚花花纹有直纹和网纹两种。花纹的粗细由节距 P 决定,滚花的尺寸如表 3-3 所示。

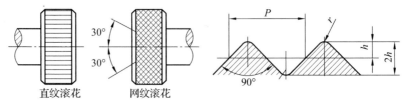

图 3-49　滚花

表 3-3　滚花的尺寸　　　　　　　　　　　　　　　　（单位：mm）

模数 m	h	r	节距 P
0.2	0.132	0.06	0.628
0.3	0.198	0.09	0.942
0.4	0.264	0.12	1.257
0.5	0.0326	0.16	1.571

注：表中 $h=0.785m-0.414r$。

滚花是由滚花刀滚压出来的。滚花刀有单轮、双轮和六轮三种，如图 3-50 所示。

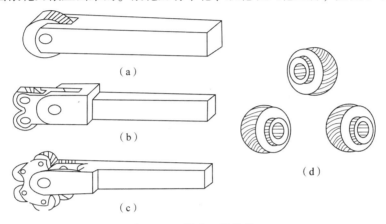

图 3-50　滚花刀的种类
(a) 单轮滚花刀；(b) 双轮滚花刀；(c) 六轮滚花刀；(d) 滚轮

滚花前应把工件滚花部分外径车小至 $(0.2\sim0.5)P$。装夹滚花刀时，应使滚轮表面与工件表面平行，单轮滚花刀滚轮中心与工件中心等高，滚花时取较低的切削速度。滚轮开始接触工件时，必须用较大的压力进刀，使工件圆周上一开始就形成较深的花纹，以免乱纹。为减少开始时对工件的径向压力，可用滚花刀宽度的 1/2 或 1/3 滚压，或把滚花刀尾部略微向左偏，使滚花刀与工件表面形成一个很小的夹角，这样滚花刀较易切入工件表面。待花纹合格后可纵向机动进给，并加冷却润滑油以润滑和清除切屑。滚花一般在精车之前，滚花后工件直径比滚花前大 $(0.8\sim1.6)m$，m 为模数。

知识点二　滚　压

滚压加工是对机械零件表面进行光整和强化加工的工艺。滚压是在车床上用滚压工具在工件表面作相对滚动、施加压力，使工件表面产生塑性变形，修正工件表面微观几何形状，提高粗糙度等级，同时提高工件的表层硬度、耐磨性、疲劳强度。滚压主要用于大型轴类、套筒类零件内、外旋转表面，螺钉、螺栓等零件的螺纹，以及小模数齿轮等的加工。

滚花就属于滚压加工，图 3-51 所示为滚压示例。

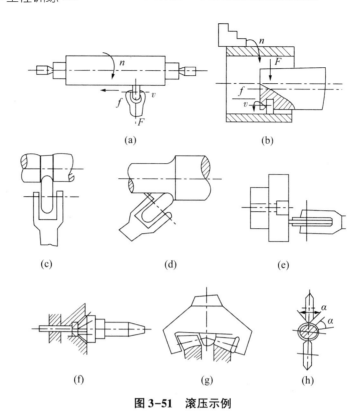

图 3-51 滚压示例

(a) 滚压圆柱形外表面；(b) 滚压圆柱形内表面；(c) 滚压圆柱凹槽；(d) 滚压过渡圆角；
(e) 滚压端面；(f) 滚压锥形孔；(g) 滚压型面；(h) 滚压直槽

项目四
线切割技术

任务一 系统概述

AP-CUT 线切割控制系统（简称 APC 系统）是采用先进的计算机实时控制和图形交互显示技术，并结合线切割数控和自适应技术开发的高级数控系统。本文以 APC 系统为例讲解线切割技术。

知识点一 性能特点

APC 系统具有以下性能特点。

1）APC 系统是基于 Autop 编程的控制系统，Autop 的数控加工程序直接通过内部数据与 APC 系统相连，无须额外操作键盘，退出 Autop 后图形直接出现在 APC 主控画面。

2）APC 系统是真正的微电脑控制系统。所有插补运算及控制全部由微电脑发出。同时，锥度切割时追求准确无误，出现 Y 轴锥度时，X 轴马达有微动。

3）软硬件强可靠性设计。软件固化在电子 IC 中，绝对防病毒。硬件采用优质线路板，所有元器件均焊死在板上，不会出现"接触不良"；使用免维护电池，不会漏液。

4）主控系统采用全鼠标操作，同时也可使用快捷键。弹出式菜单形象易懂，配合在线动态提示，使操作一目了然。

5）全自动分时操作，加工时可照常进行编程，在 APC 主界面可按键显示加工图形或编程图形。

6）强大的图形库管理系统。该系统能够处理 200 个厂家组，每组 200 个图形容量，总图形数达 40 000 个。查询图形时，即刻显示出图形，可处理 APC、3B、DAT、DXF 等种类的文件。

7）全鼠标驱动的加工路线处理器。这一处理器使从图形库调入的图形能马上修改而得到数控序，因此 DXF、DAT 文件可直接读入加工。

8）自带 3B 全屏幕编程器。3B 全屏幕编程器的功能包括输入程序、调/存 3B 文件、加工比例设置、开始行设置、数据变换、图形变3B、3B编译到图形区等。

9）含绘图显示子系统。该系统可任意调整图形的显示状态，如显示比例、中心位置；实时跟踪显示加工轨迹；分颜色显示锥度工件的基准面和锥度面，上下面加工坐标显示颜色对应两图形面颜色；显示锥度参数；显示加工状态、高频以及步进进给等。

10）完善的加工功能。该系统的加工功能包括停电记忆、变锥加工、模拟加工、短路自动回退、逆加工、马达阻尼、段停、缩放加工、变换加工等。马达阻尼功能可防止步进马达突然加速，从而防止加工短路。

11）点动及对中功能。机床电器不需作任何修改即可实现对中。

12）准确加工大锥度、异形锥度，尖点不需补圆也可加工锥度。

13）CAD转换功能。DXF文件可以转换为DAT文件，供Autop处理以及APC加工。

知识点二　系统配置安装

APC系统要求使用处理器为80486以上的计算机，具有640KB内存、VGA彩显、大于120MB容量的硬盘、软驱和鼠标。将APC接口卡插入计算机中任一空槽，卡上三芯插座接5.0kΩ电位器，卡后DB25插座与机床控制电器相连，这样就可以使用了。

任务二　系统操作

本文以苏州长风DK7725E型线切割机床为例，介绍线切割机床的操作。图4-1为DK7725E型线切割机床的操作面板。

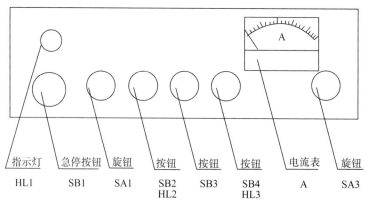

图4-1　DK7725E型线切割机床的操作面板

知识点一　开机与关机程序

1. 开机程序

1）合上机床主机上的电源总开关；

2）松开机床电气面板上的急停按钮SB1；

3）合上控制柜上的电源开关，进入线切割机床控制系统；

4）按要求装上电极丝；

5）逆时针旋转旋钮 SA1；

6）按 SB2，启动运丝电机；

7）按 SB4，启动冷却泵；

8）顺时针旋转 SA3，接通脉冲电源。

2．关机程序

1）逆时针旋转 SA3，切断脉冲电源；

2）按下急停按钮 SB1，运丝电机和冷却泵将同时停止工作；

3）关闭控制柜电源；

4）关闭机床主机电源。

知识点二 脉冲电源

（1）脉冲电源操作面板简介

DK7725E 型线切割机床脉冲电源操作面板如图 4-2 所示。面板上各按钮对应的功能如下：

SA1——脉冲宽度选择；

SA2～SA7——功率管选择；

SA8——脉冲电压幅值选择；

RP1——脉冲间隔调节；

PV1——脉冲电压幅值指示；

急停按钮——按下此按钮，机床运丝电机、冷却泵全停，脉冲电源输出切断。

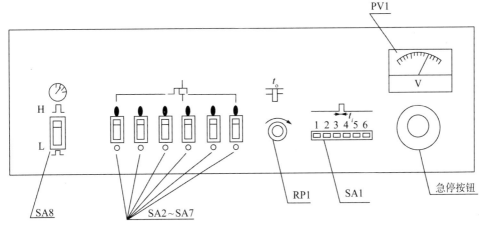

图 4-2 DK7725E 型线切割机床脉冲电源操作面板

（2）电源参数简介

1）脉冲宽度。脉冲宽度（t_i）选择开关 SA1 共分 6 挡，从左往右依次为：第 1 挡，5 μs；第 2 挡，15 μs；第 3 挡，30 μs；第 4 挡，50 μs；第 5 挡，80 μs；第 6 挡，120 μs。

2）功率管。功率管个数选择开关 SA2~SA7 可控制参加工作的功率管个数：若 6 个开关均接通，则 6 个功率管同时工作，此时峰值电流最大；若 5 个开关关闭，则只有 1 个功率管工作，此时峰值电流最小。每个开关控制 1 个功率管。

3）幅值电压。幅值电压选择开关 SA8 用于选择空载脉冲电压幅值：开关按至"L"位置，电压为 75V 左右；按至"H"位置，则电压为 100V 左右。

4）脉冲间隙。改变脉冲间隔 t_0，调节电位器 R_P 的阻值，可改变输出矩形脉冲波形的脉冲间隔 t_0，即能改变加工电流的平均值。电位器旋至最左，脉冲间隔最小，加工电流的平均值最大。

5）电压表。电压表 PV1（0~150V 直流表）指示空载脉冲电压幅值。

知识点三　线切割机床控制系统

DK7725E 型线切割机床配有 CNC-10A 自动编程和控制系统（简称 CNC-10A 控制系统）。

1. 系统的启动与退出

在计算机桌面上双击"YH"图标，即可进入 CNC-10A 控制系统。按<Ctrl+Q>退出控制系统。

2. CNC-10A 控制系统的功能及操作

CNC-10A 控制系统的主界面如图 4-3 所示。

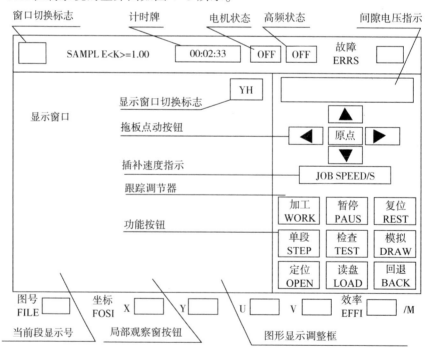

图 4-3　CNC-10A 控制系统的主界面

CNC-10A 控制系统所有的操作按钮、状态、图形显示全部在屏幕上实现。各种操作命令均可用轨迹球或相应的按键完成。使用鼠标操作时，可移动鼠标，使屏幕上显示的箭状光标指向选定的屏幕按钮或位置，然后点击鼠标左键，即可选择相应的功能。现将各种控制功能介绍如下。

[显示窗口]：该窗口用来显示加工工件的图形轮廓、加工轨迹或相对坐标、加工代码。

[显示窗口切换标志]：用轨迹球点取该标志（或按<F10>键），可改变显示窗口的内容。进入系统时，首先显示图形，之后每点取一次该标志，依次显示"相对坐标""加工代码""图形"……，其中"相对坐标"方式以大号字体显示当前加工代码的相对坐标。

[间隙电压指示]：显示放电间隙的平均电压波形（也可以设定为指针式电压表方式）。在波形显示方式下，指示器两边各有一条 10 等分线段，空载间隙电压定为 100%（即满幅值），等分线段下端的黄色线段指示间隙短路电压的位置。波形显示的上方有 2 个指示标志：短路回退标志"BACK"，该标志变红色，表示短路；短路率指示标志，表示间隙电压在设定短路值以下的百分比。

[电机状态]：在电机标志右边有状态指示标志"ON"（红色）或"OFF"（黄色）。如电机处于"ON"状态，表示电机上电锁定（进给）；如电机处于"OFF"状态，表示电机释放。用光标点取该标志可改变电机状态（或用数字小键盘区的<Home>键）。

[高频状态]：在脉冲波形图符右侧有高频电压指示标志。"ON"（红色）、"OFF"（黄色）分别表示高频的开启与关闭；用光标点取该标志可改变高频状态（或用数字小键盘区的<Page Up>键）。在高频开启状态下，间隙电压指示将显示电压波形。

[拖板点动按钮]：屏幕右中部有上、下、左、右 4 个箭标按钮，可用来控制机床点动运行。若电机为"ON"状态，光标点取这 4 个按钮可以控制机床按设定参数作 X、Y 或 U、V 方向点动或定长走步。若电机处于"OFF"状态，点取移动按钮，仅用作坐标计数。

[原点]：用光标点取该按钮（或按"I"键）进入回原点功能。若电机为"ON"状态，系统将控制拖板和丝架回到加工起点（包括 U、V 坐标），返回时取最短路径；若电机处于"OFF"状态，光标返回坐标系原点。

[加工]：工件安装完毕，程序准备就绪后（已模拟无误），可进入加工。用光标点取该按钮（或按<W>键），系统进入自动加工方式。系统首先自动打开电机和高频，然后进行插补加工。此时应注意屏幕上间隙电压指示器的间隙电压波形（平均波形）和加工电流。若加工电流过小且不稳定，可用光标点取跟踪调节器的"+"按钮（或<End>键），加强跟踪效果；反之，若频繁地出现短路等跟踪过快现象，可点取跟踪调节器的"-"按钮（或<Page Down>键），直到加工电流、间隙电压波形、加工速度平稳。加工状态下，屏幕下方显示当前插补的 X-Y、U-V 绝对坐标值，显示窗口绘出加工工件的插补轨迹。显示窗口下方的显示器调节按钮可调整插补图形的大小和位置，或者开启/关闭局部观察窗口。点取显示切换标志，可选择图形/相对坐标显示方式。

[暂停]：用光标点取该按钮（或按<P>键或数字小键盘区的<Del>键），系统将终止当前的功能（如加工、单段、控制、定位、回退）。

[复位]：用光标点取该按钮（或按<R>键）将终止当前一切工作，消除数据和图形，关闭高频和电机。

[单段]：用光标点取该按钮（或按<S>键），系统自动打开电机、高频，进入插补工作状态，加工至当前代码段结束时，系统自动关闭高频，停止运行。再点取[单段]，继续进行下段加工。

[检查]：用光标点取该按钮（或按<T>键），系统以插补方式运行一步，若电机处于"ON"状态，机床拖板将作响应的一步动作，在此方式下可检查系统插补及机床的功能是否正常。

[模拟]：模拟检查功能可检验代码及插补的正确性。在电机失电状态（"OFF"状态）下，系统以2 500步/s的速度快速插补，并在屏幕上显示其轨迹及坐标。若在电机锁定状态（"ON"状态）下，机床空走插补，拖板将随之动作，可检查机床控制联动的精度及正确性。"模拟"操作方法如下：

1）读入加工程序；

2）根据需要选择电机状态后，按[模拟]按钮（或按<D>键），即进入模拟检查状态。

屏幕下方显示当前插补的 X-Y、U-V 坐标值，若需要观察相对坐标，可用光标点取显示窗右上角的[显示窗口切换标志]（或按<F10>键），系统将以大号字体显示；再点取[显示窗口切换标志]，将交替地处于图形/相对坐标显示方式，点取显示调节按钮最左边的局部观察按钮（或按<F1>键），可在显示窗口的左上角打开一局部观察窗口，在观察窗口内显示放大10倍的插补轨迹。若需中止模拟过程，可按[暂停]按钮。

[定位]：系统可依据机床参数设定，自动定位中心及 $\pm X$、$\pm Y$ 4 个端面。

(1) 定位方式选择

1）用光标点取屏幕右中处的参数窗标志[OPEN]（或按<O>键），屏幕上将弹出参数设定窗，可见其中有[定位 LOCATION XOY]一项。

2）将光标移至"XOY"处轻点鼠标左键，将依次显示为"XOY""XMAX""XMIN""YMAX""YMIN"。

3）选定合适的定位方式后，用光标点取参数设定窗左下角的"CLOSE"标志。

(2) 定位

点取"电机状态"标志，使其成为"ON"（原为"ON"可省略）。按[定位]按钮（或按<C>键），系统将根据选定的方式自动进行对中心、定端面的操作。在钼丝遇到工件某一端面时，屏幕会在相应位置显示一条亮线。按[暂停]按钮可中止定位操作。

[读盘]：将存有加工代码文件的软盘插入软驱中，用光标点取该按钮（或按<L>键），屏幕将出现磁盘上存储全部代码文件名的数据窗。用光标指向需读取的文件名，轻点鼠标左键，该文件名背景变成黄色；然后用光标点取该数据窗左上角的"□"按钮，系统自动读入选定的代码文件，并快速绘出图形。该数据窗的右边有上下2个三角标志按钮，可用来向前或向后翻页，当代码文件不在第一页中显示时，可用翻页来选择。

[回退]：系统具有自动/手动回退功能。在加工或单段加工中，一旦出现高频短路现象，系统即自动停止插补，若在设定的控制时间内（由机床参数设置），短路达到设定的次数，系统将自动回退。若在设定的控制时间内，短路仍不能消除，系统将自动切断高频，并停机。

在系统静止状态（非［加工］或［单段］），按下［回退］按钮（或按<B>键），系统作回退运行，回退至当前段结束时，自动停止；若再按该按钮，继续前一段的回退。

［跟踪调节器］：跟踪调节器用来调节跟踪的速度和稳定性，调节器中间红色指针表示调节量的大小；表针向左移动，位跟踪加强（加速）；向右移动，位跟踪减弱（减速）。指针表两侧有两个按钮，"+"按钮（或<End>键）加速，"-"按钮（或<Page Down>键）减速；调节器上方英文字母"JOB SPEED/S"后面的数字表示加工的瞬时速度，单位为：步/秒。

［段号显示］：此处显示当前加工的代码段号，也可用光标点取该处，在弹出屏幕小键盘后，键入需要切割的段号。需要注意的是：锥度切割时，不能任意设置段号。

［局部观察窗］：点击该按钮（或<F1>键），可在显示窗口的左上方打开一局部窗口，其中将显示放大10倍后的当前插补轨迹；再次点击该按钮，局部窗口关闭。

［图形显示调整按钮］：这6个按钮有双重功能，在图形显示状态时，其功能依次为：

"+"或<F2>键——图形放大1.2倍；

"-"或<F3>键——图形缩小20%；

"←"或<F4>键——图形向左移动20单位；

"→"或<F5>键——图形向右移动20单位；

"↑"或<F6>键——图形向上移动20单位；

"↓"或<F7>键——图形向下移动20单位。

［坐标显示］：屏幕下方"坐标"部分显示 X、Y、U、V 的绝对坐标值。

［效率］：此处显示加工的效率（单位：mm/min），系统每加工完一条代码，即自动统计所用的时间，并求出效率。

［YH窗口切换］：光标点取该标志或按<Esc>键，系统转换到绘图式编程屏幕。

［图形显示的缩放及移动］：在图形显示窗口下有小按钮，从最左边起分别为对称加工、平移加工、旋转加工和局部观察窗口开启/关闭（仅在模拟或加工态下有效），其余依次为放大、缩小、左移、右移、上移、下移，可根据需要选用这些功能，调整显示窗口中的图形的大小及位置。

具体操作可用轨迹球点取相应的按钮，或按相应的快捷键（见前文相关内容）。

［代码的显示、编辑、存盘和倒置］：用光标点取显示窗右上角的［显示切换标志］（或<F10>键），显示的窗口依次为图形显示、相对坐标显示、代码显示（模拟、加工、单段工作时不能进入代码显示方式）。

在代码显示状态下用光标点取任一有效代码行，该行即点亮，系统进入编辑状态，显示调节功能按钮上的标记符号变成：S、I、D、Q、↑、↓。各键的功能变换成：

S——代码存盘；

I——代码倒置（倒走代码变换）；

D——删除当前行（点亮行）；

Q——退出编辑状态；

↑——向上翻页；

↓——向下翻页。

在编辑状态下可对当前点亮行进行输入、删除操作（键盘输入数据）。编辑结束后，按<Q>键退出，返回图形显示状态。

[计时牌功能]：系统在[加工]、[模拟]、[单段]工作时，自动打开计时牌。终止插补运行，计时则自动停止。用光标点取计时牌，或按<O>键可将计时牌清零。

[倒切割处理]：读入代码后，点取[显示窗口切换标志]或按<F10>键，直至显示加工代码。用光标在任一行代码处轻点一下，该行点亮。窗口下面的图形显示调整按钮标志变成 S、I、D、Q 等；按<I>键，系统自动将代码倒置（上下异形件代码无此功能）；按<Q>键退出，窗口返回图形显示。在右上角出现倒走标志"V"，表示代码已倒置，[加工]、[单段]、[模拟]以倒置方式工作。

[断丝处理]：加工过程中遇到断丝时，可按[原点]（或按<I>键），拖板将自动返回原点，锥度丝架也将自动回直，需要注意的是：断丝后切不可关闭电机，否则拖板将无法正确返回原点。若工件加工已将近结束，可将代码倒置后，再行切割（反向切割）。

任务三　编　程

知识点一　CNC-10A 绘图式自动编程系统界面

在控制屏幕中用光标点取左上角的[YH]窗口切换标志（或按<Esc>键），系统将转入 CNC-10A 编程屏幕。图 4-4 为 CNC-10A 绘图式自动编程系统主界面。

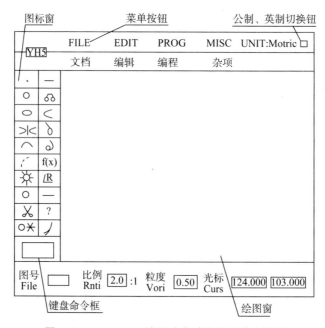

图 4-4　CNC-10A 绘图式自动编程系统主界面

知识点二　CNC-10A 绘图式自动编程系统图标命令和菜单命令简介

CNC-10A 绘图式自动编程系统的操作集中在 20 个命令图标和 4 个弹出式菜单内。它们构成了系统的基本工作平台。在此平台上，可进行绘图和自动编程。表 4-1 为 CNC-10A 绘图式自动编程系统的常用命令图标功能简介，图 4-5 为 CNC-10A 绘图式自动编程系统的菜单功能。

表 4-1　CNC-10A 绘图式自动编程系统的常用命令图标功能简介

功能	图标	功能	图标
点输入	·	直线输入	—
圆输入	○	公切线/公切圆输入	∞
椭圆输入	○	抛物线输入	⊂
双曲线输入	)(	渐开线输入	∂
摆线输入	⌒	螺旋线输入	⊘
列表点输入	∕∕	任意函数方程输入	$f(x)$
齿轮输入	✲	过渡圆输入	∠R
辅助圆输入	○	辅助线输入	—
删除线段	✂	询问	?
清理	○✕	重画	✎

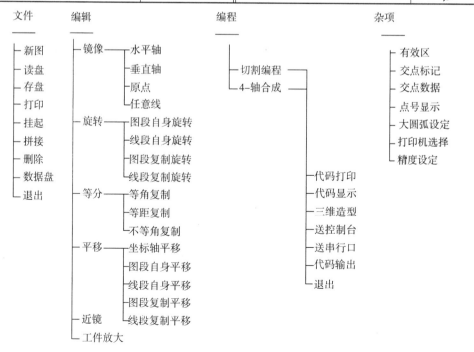

图 4-5　CNC-10A 绘图式自动编程系统的菜单功能

任务四　加工控制

知识点一　电极丝的绕装

电极丝的绕装如图4-6、图4-7所示，具体绕装过程如下：

1）逆时针旋转机床操纵面板上的SA1旋钮；

2）上丝起始位置在贮丝筒1右侧，摇动手柄将贮丝筒1右侧停在线架中心位置；

3）使右边撞块压住换向行程开关触点，左边撞块尽量拉远；

4）松开上丝器上螺母5，装上钼丝盘6后拧上螺母5；

5）调节螺母5，将钼丝盘压力调节至适中；

6）将钼丝一端通过排丝轮3后固定在贮丝筒1右侧的螺钉上；

7）逆时针转动贮丝筒1几圈，转动时右边撞块不能脱开换向行程开关触点；

8）按操纵面板上的SB2旋钮（运丝开关），贮丝筒转动，钼丝自动缠绕在贮丝筒上；达到要求后，按操纵面板上的急停旋钮SB1，即可将电极丝装至贮丝筒上，如图4-6所示；

9）按图4-7所示的方式，将电极丝绕至丝架上。

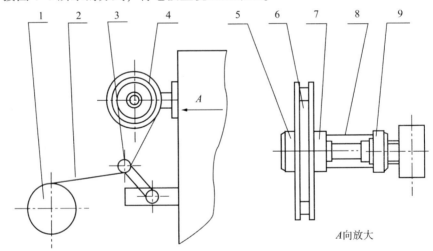

图4-6　电极丝绕至贮丝筒上

1—贮丝筒；2—钼丝；3—排丝轮；4—上丝架；5—螺母；
6—钼丝盘；7—挡圈；8—弹簧；9—调节螺母

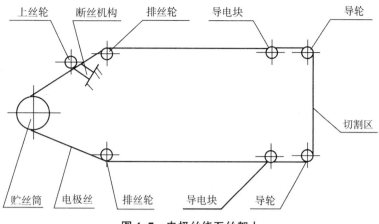

图 4-7 电极丝绕至丝架上

知识点二　工件的装夹与找正

工件的装夹与找正的要求：

1）装夹工件前先校正电极丝与工作台的垂直度；

2）选择合适的夹具将工件固定在工作台上；

3）按工件图纸要求用百分表或其他量具找正基准面，使之与工作台的 X 向或 Y 向平行；

4）工件装夹位置应使工件切割区在机床行程范围之内；

5）调整好机床线架高度，切割时保证工件和夹具不会碰到线架的任何部分。

知识点三　机床操作步骤

机床操作步骤有：

1）合上机床主机上的电源开关；

2）合上机床控制柜上的电源开关，启动计算机，双击计算机桌面上的"YH"图标，进入线切割控制系统；

3）松开机床主机上的急停按钮；

4）按机床润滑要求加注润滑油；

5）开启机床空载运行 2 min，检查其工作状态是否正常；

6）按所加工零件的尺寸、精度、工艺等要求，在线切割机床自动编程系统中编制线切割加工程序，并送控制台（或手工编制加工程序，并通过软驱读入控制系统）；

7）在控制台上对程序进行模拟加工，以确认程序准确无误；

8）装夹工件；

9）开启运丝筒；

10）开启冷却液；

11）选择合理的电加工参数；

12）手动或自动对刀；

13）点击控制台上的"加工"键，开始自动加工；

14）加工完毕后，按<Ctrl+Q>键退出控制系统，并关闭控制柜电源；

15）拆下工件，清理机床；

16）关闭机床主机的电源。

知识点四　机床安全操作规程

根据 DK7725E 型线切割机床的操作特点，特制定如下操作规程：

1）学生初次操作机床时，须仔细阅读 DK7725E 型线切割机床实训指导书或机床操作说明书，并在实训教师指导下操作；

2）手动或自动移动工作台时，必须注意钼丝位置，避免钼丝与工件或工装产生干涉而造成断丝；

3）用机床控制系统的自动定位功能进行自动找正时，必须关闭高频，否则会烧丝；

4）关闭运丝筒时，必须停在两个极限位置（左或右）；

5）装夹工件时，必须考虑机床的工作行程，加工区域必须在机床行程范围之内；

6）工件及装夹工件的夹具高度必须低于机床线架高度，否则加工过程中工件或夹具会撞上线架而使机床损坏；

7）支承工件的工装的位置必须在工件加工区域之外，否则加工时会连同工装一起割掉；

8）工件加工完毕后必须及时关闭高频；

9）经常检查导轮、排丝轮、轴承、钼丝、线切割液等易损、易耗件（品），若有损坏则及时更换。

任务五　数控慢走丝电火花线切割机床的操作

知识点一　操作要领

数控慢走丝电火花线切割机床（下称慢走丝电火花线切割机床）主要用于加工高精度零件。这类机床的品种较多，各品种机床的操作大同小异，它的一些基本操作内容及要求与数控快走丝电火花线切割机床有相似之处。但慢走丝电火花线切割机床所加工的工件的表面粗糙度、圆度误差、直线误差和尺寸误差都较快走丝电火花线切割机床好很多，其更加注重加工精度和表面质量。

工艺准备

1）工件材料的技术性能分析。不同的工件材料，其熔点、汽化点、热导率等性能指标都不一样，即使按同样方式加工，所获得的工件质量也不相同。因此必须根据实际需要的表面质量对工件材料作相应的选择。例如，要达到高精度，就必须选择硬质合金类材料，而不应该选择不锈钢或未淬火的高碳钢等，否则很难实现要求。这是因为硬质合金类材料的内部残余应力对加工的影响较小，加工精度和表面质量较好。

2）工作液的选配。火花放电必须在具有一定绝缘性能的液体介质中进行，工作液的绝缘性能可使击穿后的放电通道压缩，从而将火花放电局限在较小的通道半径内，形成瞬时局部高温来熔化并汽化金属，放电结束后又迅速恢复放电间隙成为绝缘状态。绝缘性能太低，将产生电解而形不成击穿火花放电；绝缘性能太高，则放电间隙小、排屑难、切割速度降低。

自来水具有流动性好、不易燃、冷却速度较快等优势。但直接用自来水作工作液时，由于水中离子的导电作用，其电阻率较低（约为 $5k\Omega \cdot cm$），不仅影响放电间隙消电离、延长恢复绝缘的时间，而且还会产生电解作用。因此，慢走丝电火花线切割加工的工作液一般都用去离子水。工作液的电阻率一般应在 $10 \sim 100k\Omega \cdot cm$，具体数值视工件材料、厚度及加工精度而定。如用黄铜丝加工钢时，工作液的电阻率宜低，可提高切割速度，但用其加工硬质合金时则相反。

加工前必须观察电阻率表的显示，特别是机床刚起动时，往往会发现电阻率不在适用范围内，这时不要急于加工，宜让机床先空转一段时间达到所要的电阻率后才开始正式加工。为了保证加工精度，有必要提高加工液的电阻率，当发现水的电阻率不再提高时，应更换离子交换树脂。

此外，必须检查与冷却液有关的条件。慢走丝电火花线切割加工中，送至加工区域的工作液通常采用浇注式供液方式，也可采用工件全浸泡式供液方式。所以要检查加工液的液量及过滤压力表。当加工液从污液槽向清液槽逆向流动时则需要更换过滤器，以保证加工液的绝缘性能、洗涤性能、冷却性能达到要求。

在用慢走丝电火花线切割机床进行特殊精加工时，也可采用绝缘性能较高的煤油作工作液。

3）电极丝的选择及校正。慢走丝电火花线切割加工电极丝的材料多用铜、黄铜、黄铜加铝、黄铜加锌、黄铜镀锌等。对于精密电火花线切割加工，应在不断丝的前提下尽可能提高电极丝的张力，也可采用钼丝或钨丝。

目前，国产电极丝的丝径规格有 0.10mm、0.15mm、0.20mm、0.25mm、0.30mm、0.33mm、0.35mm 等，丝径误差一般在 $\pm 2\mu m$ 以内。技术领先的国家生产的电极丝，其丝径最小可达 $0.01 \sim 0.003mm$，用于完成清角和窄缝的精密微细电火花线切割加工等。长期暴露在空气中的电极丝表面因与空气接触而易被氧化，不能用于加工高精度的零件。因此，保管电极丝时应注意不要损坏电极丝的包装膜。在加工前，必须检查电极丝的质量。有以下情况之一时，必须重新校正电极丝的垂直度：线切割机床在加工了 $50 \sim 100h$ 后，须更换导轮或轴承时；改变导电块的切割位置或者更换导电块时；有脏污需用洗涤液清洗时。

4）穿丝孔的加工。在实际生产加工中，为防止工件毛坯内部的残余应力变形及放电产生的热应力变形，不管是加工凹模类封闭型工件，还是凸模类工件，都应首先在合适位置加工好一定直径的穿丝孔进行封闭式切割，避免开放式切割。若工件已在快走丝电火花线切割机床上进行过粗切割，再在慢走丝电火花线切割机床上进一步加工时，可不打穿丝孔。

5) 工件的装夹与找正。准备利用慢走丝电火花线切割机床加工的工件，在前面的工序中应加工出准确的基准面，以便在慢走丝电火花线切割机床上装夹和找正。应充分利用机床附件装夹工件；对于某些结构形状复杂、容易变形工件的装夹，必要时可设计和制造专用的夹具。

工件在机床上装夹好后，可利用机床的接触感知、自动找正圆心等功能找正或利用千分表找正，确定工件的准确位置，以便设定坐标系的原点，确定编程的起始点。找正时，应注意多操作几遍，力求位置准确，将误差控制到最小。

当工件行将切割完毕时，其与母体材料的连接强度势必下降，此时要注意固定好工件，防止因工作液的冲击使得工件发生偏斜，从而改变切割间隙（轻者影响工件表面质量，重者使工件报废）。

知识点二　实施少量多次切割

少量多次切割方式是指利用同一直径的电极丝对同一表面先后进行两次或两次以上的切割，第一次切割加工前预先留出精加工余量，然后针对留下的精加工余量，改用精加工条件，利用同一轨迹程序把偏置量分阶段地缩小，再进行切割加工。一般可分为1～5次切割，除第1次加工外，加工量一般是由几十微米逐渐递减到几微米。特别是加工次数较多工件的最后一次加工，加工量应较小。少量多次切割可使工件具有单次切割不可比拟的表面质量，并且加工次数越多，工件的表面质量越好。具体加工次数一般由机床的加工参数决定。

采用少量多次切割方式，可减少线切割加工时工件材料的变形，有效提高工件加工精度，改善表面质量。在粗加工或半精加工时可留一定余量，以补偿材料因应力平衡状态被破坏所产生的变形和最后一次精加工时所需的加工余量，最后精加工即可获得较令人满意的加工效果。少量多次切割方式是控制和改善加工表面质量的简便易行的方法和措施，但生产效率有所降低。

知识点三　合理安排切割路线

加工时应尽量避免破坏工件材料原有的内部应力平衡，防止工件材料在切割过程中因在夹具等的作用下，由于切割路线安排不合理而产生显著变形，致使切割表面质量和精度下降。一般情况下，合理的切割路线应将工件与夹持部位分离的切割段安排在总的切割程序末端，将暂停点设在靠近毛坯夹持端的部位。

知识点四　正确选择切割参数

慢走丝电火花线切割加工时应合理控制与调配丝参数、水参数和电参数。

电极丝张力大时，其振动的振幅减小，放电效率相对提高，可提高切割速度。丝速高可减少断丝和短路概率，提高切割速度；但过高会使电极丝的振动增加，影响切割速度。

为了保证工件具有更高的加工精度和表面质量，可以适当调高机床厂家提供的丝速和丝张力参数。

增大工作液的压力与流速，容易排出蚀除物，可提高切割速度；但过高反而会引起电极丝振动，影响切割速度。工作液的压力与流速以能够维持层流为限。

粗加工时广泛采用短脉宽、高峰值电流、正极性加工；精加工时采用极短脉宽（百纳秒级）和单个脉冲能量（几微焦），可显著改善加工表面质量。

除上述事项之外，加工时应保持稳定的电源电压。电源电压不稳定会造成电极与工件两端电压不稳定，从而引起击穿放电过程不稳定，影响工件加工质量。

知识点五　控制上部导向器与工件的距离

慢走丝电火花线切割加工时，可以采用距离密着加工，即上部导向器与工件的距离尽量靠近（约 0.05~0.10mm），避免因距离较远而使电极丝振幅过大，影响工件加工质量。

知识点六　安全操作规程

1. 人身安全

1) 手工穿丝时，注意防止电极丝扎手。

2) 用后的废电极丝要放在规定的容器内，防止混入电路和运丝系统中，造成电器短路、触电和断丝等事故。

3) 加工之前应安装好机床的防护罩，并尽量消除工件的残余应力，防止切割过程中工件爆裂伤人。

4) 机床附近不得放置易燃、易爆物品，防止因工作液供应不足产生的火花放电引起事故。

5) 加工开始后，不可将身体的任何部位伸入加工区域，以防止触电。

2. 设备安全

1) 操作者必须熟悉线切割加工工艺，恰当地选取加工参数，按规定操作顺序操作，防止造成断丝等事故。

2) 正式加工工件之前，应确认工件装夹位置，防止出现运动干涉或超行程等现象。

3) 防止工作液等导电物进入机床的电器部分。一旦发生因电器短路造成的火灾时，应首先切断电源，并立即用四氯化碳等合适的灭火器灭火，不准用水灭火。

4) 工作结束后，关掉总电源。

知识点七　日常维护及保养

1. 日常工作要求

1) 充分了解机床的结构性能，熟练掌握机床的操作技能，遵守操作规程和安全生产制度。

2) 在机床允许的规格范围内进行加工，不要超重或超行程工作。

3）加工完成后清理工作区域，擦净夹具和附件等。

2. 定期保养

1）按机床操作说明书所规定的润滑部位及润滑要求，定时注入规定的滑润油或润滑脂，以保证机构运转灵活。

2）定期检查机床的电气设备是否受潮、是否安全可靠，并清除尘埃，防止金属物落入，不允许机床带故障工作。

3）慢走丝电火花线切割机床一般在加工 50~100h 后就必须检查导电块的磨损情况，考虑变更导电块的位置或更换导电块。有脏污时须用洗涤液清洗。当变更导电块的位置或者更换导电块时，必须重新校正电极丝的垂直度，以保证加工工件的精度和表面质量。

4）定期检查导轮的转动是否灵活，不得有卡死现象，否则应更换导轮和轴承。更换后必须检查其径向跳动量。

5）定期检查上、下喷嘴的损伤和脏污程度，有脏污时须用洗涤液清除，有损伤时应及时更换。

6）加工前检查工作液箱中的工作液是否足够，管道和喷嘴是否通畅。当工作液从污液槽向清液槽逆向流动时，则需要更换过滤器。

项目五 铣削加工

任务一 铣床

铣床是一种用途广泛的机床。铣削是最常用的切削加工方法之一,可用来加工平面、台阶、沟槽、成形表面、齿轮等。图 5-1 所示为常见的铣削加工方式。

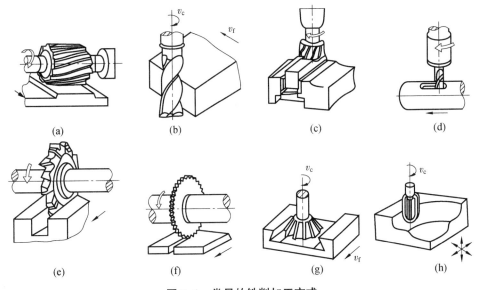

图 5-1 常见的铣削加工方式

(a) 铣平面;(b) 铣端面;(c) 铣台阶;(d) 铣键槽;
(e) 铣方槽;(f) 切断;(g) 铣燕尾槽;(h) 铣型腔

铣削时,铣刀作旋转运动,工件作直线进给运动,如图 5-2 所示。铣削速度以铣刀最大直径处的线速度 v(m/s)表示。进给量 s 通常以工作台每秒移动的距离(mm)表示,铣削加工的尺寸公差等级为 IT8~IT10,粗糙度可达 $Ra3.2\mu m$。铣床种类很多,常用的有卧式万能铣床(卧式铣床)和立式升降台铣床(立式铣床)两种。

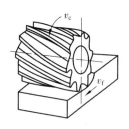
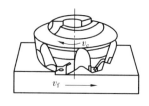

图 5-2 铣削加工示意

知识点一 卧式万能铣床

1. 床身

床身用来支承和固定铣床各部件，顶上有供横梁移动用的水平导轨。前壁有燕尾形的垂直导轨，供升降台上下移动。内部装有主轴、主轴变速箱、电气设备及润滑油泵等部件。

2. 横梁

横梁上装有吊架，用以支承刀杆的外端，减少刀杆的弯曲和颤动，横梁伸出的长度可根据刀杆的长度调整。

3. 主轴

主轴用来安装刀杆并带动铣刀旋转。主轴为空心轴，前端有锥孔以便安装刀杆锥柄。

4. 升降台

升降台位于工作台转台横向溜板的 r 面，并带动它们沿床身的垂直导轨移动，以调整台面到铣刀间的距离。升降台内部安装有进给运动的电机及传动系统。

5. 横向溜板

横向溜板用以带动工作台沿升降台水平导轨作横向移动，在对刀时调整工件与铣刀间的横向位置。

6. 转台

转台的上面有水平导轨，供工作台作纵向移动，下面与横向溜板用螺钉相连。松开螺钉，可以使转台带动工作台在水平面内旋转一个角度，以使工作台作斜向移动（没有转台的铣床只能叫卧式铣床）。

7. 工作台

工作台用来安装工件和夹具，台面上有 3 条 T 形直槽，槽内放进螺栓就可以紧固工件和夹具。工作台的下部有一根传动丝杠，通过它使工作台带动工件作纵向进给运动。有些铣床的丝杠和螺母之间的间隙还可以调整，以减少工作台在铣削时产生的窜动。工作台前侧面还有 1 条 T 形槽，可以用来固定挡铁，以便实现机床的半自动操作。铣床可以手动或机动作纵向（或斜向）、横向和垂直方向移动。

卧式万能铣床的用途较广，若将横梁移至床身后面，装上立铣头附件（如图 5-3 所示），可作为立式铣床使用。立铣头用压板螺钉固定在铣床床身上，并通过齿轮传动将铣床主轴的运动传给立铣头主轴。立铣头主轴轴线还能在纵向和横向两个平面内转过任意角度，以加工斜面等。卧式万能铣床的传动方式与车床基本相似，都是由滑动齿轮、离合器等来改变速度的，所不同的是卧式万能铣床主轴转动和工作台移动的传动系统是分开的，分别由单独的电机驱动。此外，铣床的操作系统较为完善，使用单手柄操纵机构，工作台在3个方向上均可快速移动，使工件迅速趋近刀具。

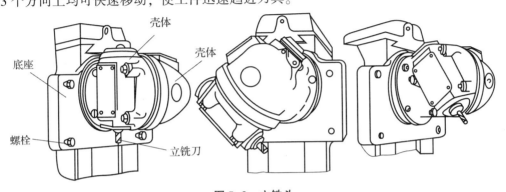

图 5-3 立铣头

知识点二 立式升降台铣床

立式升降台铣床与卧式万能铣床的区别仅在于其主轴是垂直于工作台的。

立式升降台铣床的主轴位置可在垂直平面内作左右旋转调整，使主轴倾斜成一定角度，因而扩大了铣床的工作范围。

任务二 铣削基本方法

知识点一 铣平面

铣平面在卧式铣床或立式铣床上均可进行。

1. 铣刀及其安装

铣平面所用的铣刀如图 5-4 所示。

图 5-4 铣平面所用的铣刀

铣刀上有许多刀齿，每一个刀齿可看作是一把车刀。

铣刀视结构形状不同，将其安装在铣床上的方法也不同。圆柱铣刀是安装在刀杆上的，其刀杆如图 5-5 所示。刀杆与主轴的连接方法如图 5-6 所示。

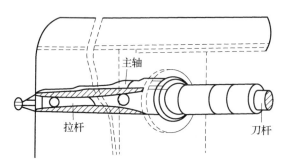

图 5-5　圆柱铣刀刀杆

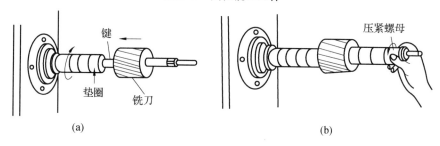

图 5-6　刀杆与主轴连接方法

（a）刀杆上先套上几个垫圈，装上键；（b）铣刀外边的杆上再套上几个垫圈后，压紧螺母

安装圆柱铣刀时，首先装上支架，拧紧支架的紧固螺钉，如图 5-7（a）所示；在轴承孔内加润滑油，然后初步拧螺母，开车观察铣刀是否装正；装正后用力拧紧螺母，如图 5-7（b）所示。

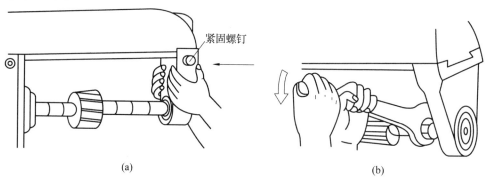

图 5-7　安装圆柱铣刀的步骤

图 5-8 所示为立铣刀的安装。铣刀套在刀杆上，拧紧螺钉，然后把刀杆的锥柄装在铣床主轴上，用拉杆螺钉拉紧。

2. 工件的装夹

铣平面时，工件可夹紧在机用虎钳上，也可用压板将工件直接压紧在工作台上。工件装夹方法与刨平面时相似。

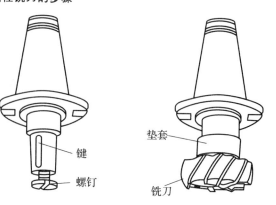

图 5-8　立铣刀的安装

知识点二　铣沟槽及成形面

1. 铣键槽

在铣床上可铣削各种沟槽。轴上的键槽通常就是在铣床上铣削的，开门键槽可在卧式铣床上用三面刃盘铣刀来铣削（如图5-9所示），其步骤如下。

1）选择及安装铣刀。三面刃盘铣刀的宽度应根据键槽的宽度选择。铣刀必须安装准确，不应左右摆动，否则铣出的槽宽将不准确。

2）装夹工件。轴类工件通常用台虎钳装夹，为使铣出的键槽平行于轴的中心线，台虎钳钳口须与纵进给方向平行，如图5-10所示。装夹工件时，应使轴的端部伸出钳口外，以便对刀和检验键槽尺寸。

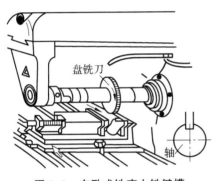

图5-9　在卧式铣床上铣键槽

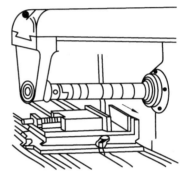

图5-10　用划针校正钳口

3）对刀。铣削时盘铣刀中心平面应和轴的中心线对准。对刀方法如图5-11所示。铣刀对准后，将横向溜板紧固。

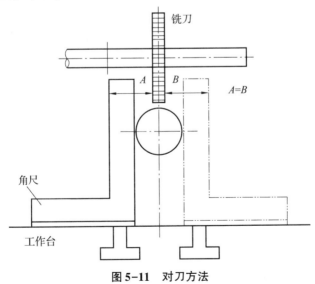

图5-11　对刀方法

4）调整铣床。调整方法与铣平面时相同，先试切，检验槽宽；然后铣出键槽的全长。铣较深的键槽时，需分成几次进行。封闭键槽大多在立式铣床上用键槽铣刀来铣削，如图5-12所示。

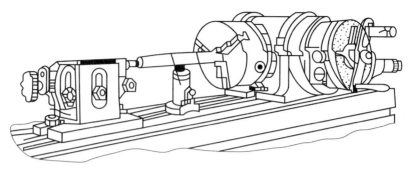

图 5-12　在立式铣床上铣封闭键槽

2. 铣 T 形槽及燕尾槽

铣 T 形槽及燕尾槽时，通常先铣出直槽，然后在立式铣床上采用专用的 T 形槽铣刀和燕尾槽铣刀加工成形，如图 5-13 所示。由于铣削条件差、排屑困难，故切削用量要取得小些，并在加工过程中加注切削液。

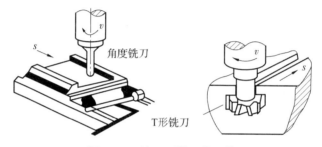

图 5-13　铣 T 形槽及燕尾槽

项目六 磨削加工

磨削就是用砂轮作为切削工具,对工件表面进行切削加工。磨外圆时(如图6-1所示),砂轮以高速旋转进行磨削,砂轮最大直径上的线速度即为切削速度(v_c),工件低速(v_w)旋转,作圆周进给同时作轴向进给(s)。每次行程完后,砂轮作横向移动(t)。磨削能使工件满足很高的表面粗糙度($Ra0.8 \sim Ra0.2$ μm)要求,精度可达 IT5~IT7,但每次磨去的金属层很薄,因此仅适合于精加工。磨削能加工硬度很高的工件,如淬火的钢件。

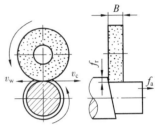

图 6-1 磨削外圆时的运动

磨削加工的方式很多,可以利用不同类型的磨床分别磨削外圆、内圆(孔)、平面、沟槽、曲面、螺纹、齿轮以及刃磨各种刀具等,如图6-2所示。

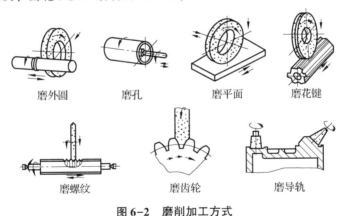

图 6-2 磨削加工方式

任务一 砂 轮

知识点一 砂轮的种类

砂轮是磨削的主要工具。砂轮是砂粒(磨料)用结合剂黏结在一起焙烧而成的疏松多孔体，如图 6-3 所示。磨粒直接担负切削工作，必须锋利和坚韧。常用的磨粒有两类：刚玉类适用于磨削钢料及一般刀具；碳化硅类适用于磨削铸铁、青铜等脆性材料及硬质合金刀具。磨粒的大小用粒度表示，粒度号数愈大，颗粒愈小。粗磨粒用于粗加工及磨软料，细磨粒则用于精加工。

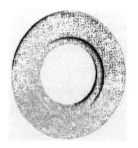

图 6-3 砂轮

磨粒用结合剂可以黏结成各种形状和尺寸（如图 6-4 所示），以适用于不同表面形状、尺寸工件的加工。工厂中常用的为陶瓷结合剂。磨粒黏结越牢，则砂轮的硬度就越高。

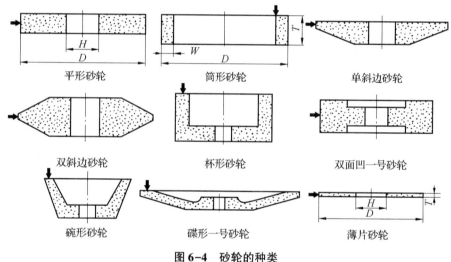

图 6-4 砂轮的种类

为便于选用砂轮，在砂轮的非工作表面上印有特性代号，代号各部分含义示例如下：

   G   60   ZR   A   P   600×75×305
  磨粒种类 粒度 硬度 结合剂 形状   尺寸

知识点二　砂轮的安装与修整

砂轮因在高速下工作，安装前须经过外观检查，不应有裂纹，并须经平整检验。砂轮安装方法如图 6-5 所示。大砂轮通过台阶法兰盘安装［如图 6-5（a）所示］；或用法兰盘直接装在主轴上［如图 6-5（b）所示］；小砂轮用螺钉紧固在主轴上［如图 6-5（c）所示］；更小的砂轮可黏固在轴上［如图 6-5（d）所示］。

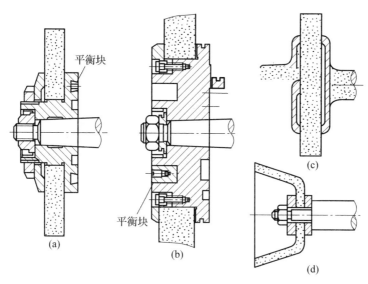

图 6-5 砂轮安装方法

砂轮工作一定时间后，磨粒逐渐变钝，砂轮工作表面空隙被堵塞，砂轮的正确几何形状被破坏。这时必须进行修整，将砂轮表面一层变钝的磨粒切去，以恢复砂轮的切削能力及正确的几何形状。图 6-6 所示为砂轮修整的示意图。

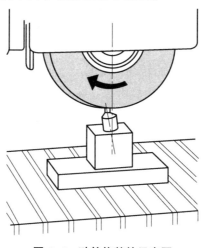

图 6-6 砂轮修整的示意图

任务二 万能外圆磨床

知识点一 万能外圆磨床的组成及功用

图 6-7 所示为万能圆磨床的外形图，其由下列部分组成。

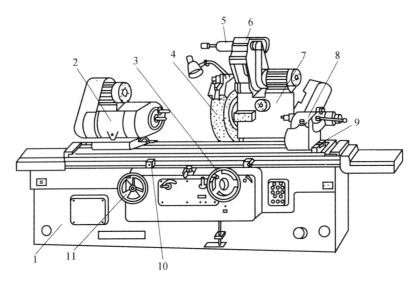

图 6-7 万能外圆磨床的外形

1—床身；2—头架；3—横向进给手轮；4—砂轮；5—内圆磨具；6—内圆磨头；
7—砂轮架；8—尾架；9—工作台；10—挡块；11—纵向进给手轮

1）床身。床身用来安装各部件，上部装有工作台和砂轮架，内部装有液压传动系统。床身上的纵向导轨供工作台移动，横向导轨供砂轮架移动。

2）砂轮架。砂轮架用于安装砂轮，并装单独的电机，通过皮带传动带动砂轮高速旋转。砂轮架可在床身后部的导轨上作横向移动，其可作自动间歇进给，也可作手动进给，或者快速趋近。砂轮架绕垂直轴可旋转某一角度。

3）头架。头架上有主轴，主轴端部可以安装顶尖、拨盘或卡盘，以便装夹工件。主轴由单独电机通过皮带传动、变速机构带动，使工件可获得不同转动速度。头架可在水平面内偏转一定的角度。

4）尾架。尾架的套筒内有顶尖，用来支承工件的另一端。尾架在工作台上的位置可根据工件的不同长度调整。尾架可在工作台上纵向移动。扳动尾杆，顶尖套筒可伸出/缩进，以便装卸工件。

5）工作台。工作台由液压驱动沿着床身上的纵向导轨作直线往复运动，使工件实现纵向进给。在工作台前侧面的T形槽内装有两个换向挡块，用以操纵工作台自动换向，工作台也可手动换向。工作台分上、下两层，上层可在水平面内偏转一个不大的角度，以便磨削圆锥。

6）内圆磨头。内圆磨头是磨削内圆表面用的，在它的主轴上可安装内圆磨削砂轮，由另一个电机带动。内圆磨头绕支架旋转，使用时翻下，不用时翻向砂轮架上方。

知识点二　液压传动原理

磨床采用液压传动是因其工作平稳、无冲击振动。图6-8所示为磨床的液压传动系统。整个系统中有油泵、油缸、转阀、安全阀、节流阀、换向阀、操纵手柄等元件。工作台的往复运动按下述循环进行。

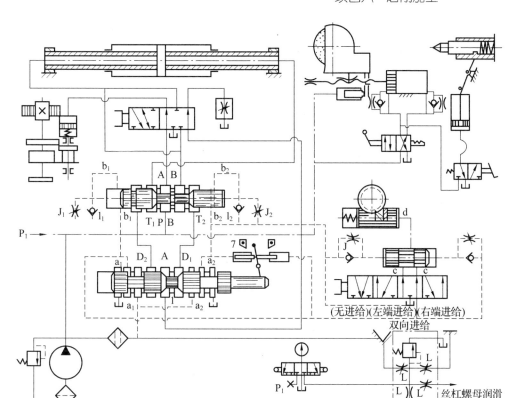

图 6-8 磨床的液压传动系统

工作台向左移动时（图中实线位置）的情况如下。

高压油流向为：油泵→转阀→安全阀→节流阀→换向阀→油缸右腔。低压油流向为：动力油缸左腔→换向阀→油池。

工作台向右移动时（图中虚线位置）的情况如下。

高压油流向为：油泵→转阀→安全阀→节流阀→换向阀→油缸左腔。低压油流向为：动力油缸右腔→换向阀→油池。

操纵手柄由工作台侧面左右挡块推动，工作台的行程长度可通过改变挡块的位置来调整。当换向阀转过90°时，油泵中的高压油全部流回油缸，工作台停动。安全阀的作用是使系统维持一定的压力，并把多余的高压油排入油池。节流阀的作用是调节工作台的运动速度。

知识点三　磨外圆

在安装工件和调整机床后，可按下列步骤磨外圆。

1）开动磨床使砂轮和工件转动，将砂轮慢慢靠近工件，直至与工件稍微接触，开启切削液。

2）调整背吃刀量后使工作台纵向进给，进行一次试磨。磨完全长后用千分尺检查锥度。如有锥度，需转动工作台加以调整。

3）进行粗磨。粗磨时，工件每往复一次，背吃刀量为 0.01~0.025 mm。磨削过程中会产生大量的热量，因此，需有充分的切削液冷却，以免工件表面被"烧伤"。

4) 进行精磨。精磨前往往要修整砂轮。精磨每次背吃刀量为 0.005～0.015 mm。精磨至最后尺寸时，取消砂轮的横向背吃刀量，继续使工作台纵向进给几次，直到不发生火花为止。

5) 检验工件尺寸及表面粗糙度。由于磨削过程中工件的温度有所升高，因此，测量时应考虑热膨胀对尺寸的影响。

知识点四　套类零件的磨削步骤举例

如图 6-9 所示为套类零件的外形和尺寸。这类零件的特点是：要求内、外圆同心及孔与端面相垂直。确定加工步骤时，应尽量采用一次装夹加工，以保证同心度及垂直要求。如果不能在一次装夹中加工完全部表面，则应先将孔加工好，然后以孔定位，用心轴装夹，加工外圆表面。在磨削图 6-9 所示的 $\phi40$ 内孔时，有可能会影响到中心内孔的精度，故对于内孔常要有粗、精两个加工步骤。

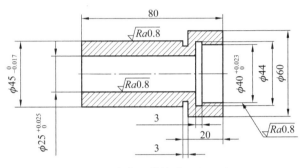

图 6-9　套类零件的外形和尺寸

任务三　其他磨床的工作特点

知识点一　平面磨床

平面磨床如图 6-10 所示，可用砂轮圆周面和砂轮端面对工件进行磨削。磨削时砂轮在工作台作纵向进给和圆周进给，如图 6-11 所示。

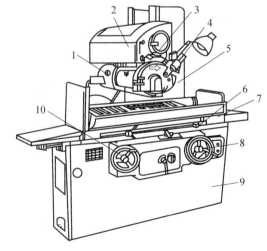

图 6-10　平面磨床

1—磨头；2—床鞍；3—横向手轮；4—修整器；5—立柱；6—挡块；7—工作台；8—升降手轮；9—床身；10—纵向手轮

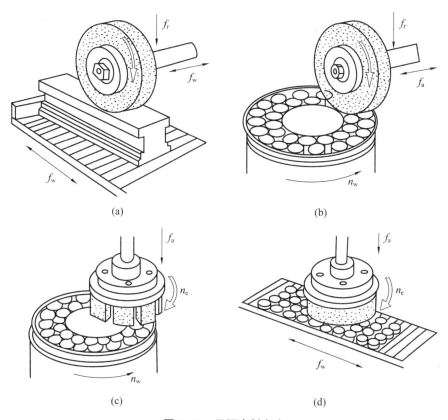

图 6-11 平面磨削方式

（a）卧轴矩台式平面磨削；（b）卧轴圆台式平面磨削；（c）立轴圆台式平面磨削；（d）立轴矩台式平面磨削

平面磨床工作台通常采用电磁吸盘来装夹工件，钢、铸铁等零件可直接安在工作台上。由铜、铜合金、铝等非导磁材料制成的零件可通过精密台虎钳等装夹。电磁吸盘（见图 6-12）是利用电磁铁的磁效应原理设计制造的，工件安放在电磁吸盘上可被吸住。

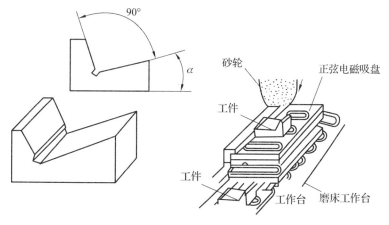

图 6-12 电磁吸盘

知识点二　内圆磨床

内圆磨床主要用来磨内圆柱面、内圆锥面及端面等。目前，广泛采用卡盘式内圆磨削，图6-13为其工作示意图。加工时，工件装夹在卡盘内，砂轮与工件按相反方向旋转，同时砂轮作直线往复运动。砂轮每往复一次，还作横向进给一次。磨削内圆面时，由于砂轮直径小，即使转速很高，其圆周速度仍比磨外圆表面时低。同时，由于切削液不易注入，排屑又困难，工件容易发热变形，且砂轮较细、刚性差，容易引起振动。因此，内圆磨床磨削表面质量不如磨外圆面高，生产效率较低。

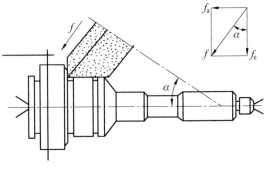

图6-13　卡盘式内圆磨削工作示意图

知识点三　无心外圆磨床

无心外圆磨床主要用于成批生产中磨削细长轴和小轴、套类零件，图6-14所示为其工作原理。磨削时工件无须装夹，而是安置在砂轮和导轮之间，并用托板托住，工件由低速旋转的导轮带着旋转，由高速旋转的砂轮进行切削。

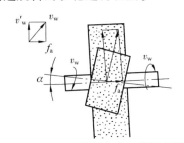

图6-14　无心外圆磨床工作原理图

项目七　焊　接

任务一　概述

焊接是通过加热或加压或两者兼用，并用或不用填充材料，使焊件金属达到原子结合的一种加工方法。

知识点一　分类

根据焊接的工艺特点和母材金属所处的状态，焊接方法可分为3大类：熔化焊、压力焊和钎焊。熔化焊是将接头加热至熔化状态，不加压力的焊接方法；压力焊是对焊件施加压力，加热或不加热的焊接方法；钎焊是采用熔点比母材低的钎料，将焊件和钎料加热到高于钎料的熔点而母材不熔化的温度，利用毛细管作用使液态钎料填充接头间隙与母材相互扩散，从而连接的焊接方法。

熔化焊、压力焊和钎焊中的每一类依据其工艺特点，又分成若干不同的种类。

知识点二　手工电弧焊

手工电弧焊是熔化焊中最基本的焊接方法。熔化焊有多种类型，其中最简单、最常见的是使用电焊条的手工焊接，简称手工电弧焊，其使用的设备简单，操作方便灵活。对于一些形状复杂、尺寸小、焊缝短或弯曲的焊件，采用自动焊就比较困难，因此手工电弧焊仍是焊接工作中的主要方法。

手工电弧焊的原理如图7-1所示。手工电弧焊的焊接过程为：焊接时在焊条与焊件间引发电弧，高温电弧将焊条端头与焊件局部熔化而形成熔池；然后，熔池迅速冷却，凝固形成焊缝，遂使分离的两块焊件牢固地连接成一整体。

电焊条的药皮熔化后形成熔渣覆盖在熔化的熔池上，熔渣冷却后形成的渣壳依旧覆盖在焊缝上，始终对焊缝起着保护作用。

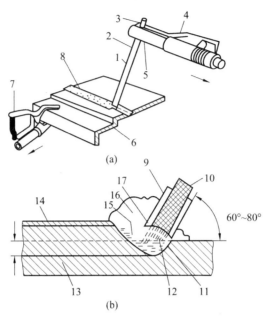

图 7-1 手工电弧焊的原理图

(a) 操作连接；(b) 焊接过程

1—焊条；2、9—药皮；3—焊条夹持端；4—绝缘手把；5—焊钳；6—焊件；7—地线夹头；8—焊缝；10—焊芯；11—焊缝弧坑；12—电弧；13—热影响区；14—熔渣；15—熔池；16—保护气体；17—焊条端部喇叭口

知识点三　焊接电弧

焊接电弧发生在焊条端头与工件之间，是电场通过两电极（母条与工件之间的气体）进行的强力持久的放电，即所谓气体放电现象。

电弧作为焊接能量的载体，有着复杂的电—热—力的能量转换过程。焊接过程中，电弧不仅是热源，同时也是力源。电弧力对焊缝成形和焊接过程稳定性有着重要影响，其中以对工件熔透深度、金属熔滴过渡等的影响最为突出。

(1) 焊接电弧的形成

焊接时，先将焊条与焊件瞬时接触，发生短路。强大的短路电流流经少数几个接触点［如图 7-2 (a) 所示］，致使接触点处温度急剧升高并熔化，甚至部分发生蒸发。当焊条迅速提起时，焊条端头的温度已升得很高，在两电极间的电场作用下，产生了热电子发射。飞速移动的电子撞击焊条端头与焊件间的空气，使之电离成正离子和负离子。电子和负离子流向正极，正离子流向负极，如图 7-2 (b) 所示。这些带电质点的定向运动形成了焊接电弧。

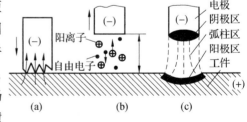

图 7-2 焊接电弧形成

(a) 电流流经接触点；(b) 带电质点定向运动；
(c) 焊接电弧

(2) 焊接电弧的构造、温度和极性

焊接电弧由阴极区、阳极区和弧柱区3部分组成[如图7-2（c）]，各部分的温度不同。以铁为电极材料的电弧为例，阴极区温度约为2 400K，阳极区温度约为2 600K，而弧柱区温度高达6 000~8 000K。通常，在阳极材料和阴极材料相同的情况下，阳极温度略高于阴极温度，弧柱温度随焊接电流增大而升高。

现仍对以铁为电极材料的电弧进行热量分析，阴极区因发射电子而消耗一定能量，故阴极区产生的热量略低，约占电弧热量的36%；阳极区表面受高速电子的撞击，产生较大的能量，故产生较多的热量，约占电弧热量的43%；弧柱区产生的热量仅占21%，弧柱周围温度较低，故大部分热量散失在空气中。

由于电弧中各区温度不同，因此用直流电源焊接时有正接法和反接法的区分：工件接电焊机的正极，焊条接电焊机的负极的接法，称为正接法；反之，则为反接法。焊接薄板时，采用反接法可防止烧穿。正常焊接时，为获得较大的熔深，则用正接法。堆焊金属时，采用反接法，目的是增加焊条的熔化速度，减少母材的熔深，降低母材对堆焊层的稀释。对碱性焊条，用直流电源可使电弧稳定。使用交流电焊接时，由于电源周期性地改变极性，故无正接或反接的区分。焊条和工件上的温度及热量分布趋于一致。

知识点四　电焊机

手工电弧焊的电源设备简称电焊机。手工电弧焊的电焊机应满足以下要求：
1）具有一定的空载电压以满足引弧需要；
2）适当限制短路电流，以保证焊接过程频繁短路时，电流不致无限增大而烧毁电源；
3）电弧长度发生变化时，能保证电弧的稳定；
4）焊接电流具有调节特性，以适应不同材料和厚度的焊接要求。

知识点五　电焊条

电焊条由金属焊芯和药皮组成，如图7-3所示。在焊条药皮前端有45°的倒角，便于引弧。焊条尾部的裸焊芯，便于焊钳夹持和导电。焊条直径（即焊芯直径）通常有2 mm、2.5 mm、3.2 mm、4 mm、5 mm、6 mm等规格，其长度L一般为300~450 mm。目前因装潢、薄板焊接等需要，手提式轻小型电焊机在市场上广受好评，与之相匹配，出现了直径0.8 mm和1 mm的特细电焊条。

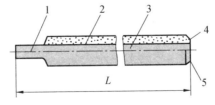

图7-3　焊条的组成

1—夹持端；2—药皮；3—焊芯；4—引弧端；5—引弧剂

(1) 焊芯

焊芯主要起传导电流和填充焊缝的作用，同时可渗入合金。焊芯由特殊冶炼的焊条钢拉拔制成，焊条钢与普通钢材的主要区别在于其中硫、磷等杂质含量和碳含量受到严格控制。焊芯牌号含义："H"为"焊"的汉语拼音首字母，其后的数字表示碳含量，其他合金元素的表示方法与钢牌号相同，常用焊条钢的牌号有 H08、H08A、H08SiMn 等。

（2）药皮

焊芯表面药皮的作用是使焊接过程顺利进行，并使焊接接头获得优良的力学性能和合金成分。药皮由多种矿物质、有机物、铁合金等粉末用黏结剂调和制成，压涂在焊芯上，主要起造气、造渣、稳弧脱氧和渗入合金等作用。

（3）电焊条的分类、型号及牌号

电焊条品种繁多，我国主要根据焊条的用途对其进行分类。

国标按用途将焊条分为 7 大类型，分别是碳钢焊条、低合金钢焊条、不锈钢焊条、堆焊焊条、铜及铜合金焊条、铸铁焊条和铝及铝合金焊条，如表 7-1 所示。

表 7-1 焊条分类

焊条类型	代号	焊条类型	代号
碳钢焊条	E	堆焊焊条	ED
低合金钢焊条	E	铜及铜合金焊条	TCU
不锈钢焊条	E	铸铁焊条	EZ
铝及铝合金焊条	TAl		

为了满足各类焊条的焊接工艺及冶金性能要求。焊条的药皮类型分为 10 大类。

在同一类型的焊条中，根据不同特性有不同的型号。焊条的型号能反映焊条的主要特性。以碳钢焊条为例，碳钢焊条型号根据熔敷金属的抗拉强度、药皮类型、焊接位置和焊接电流种类划分。具体型号编制方法是：字母 E 表示碳钢焊条；E 后两位数字表示焊缝金属抗拉强度的最小值，单位为 kgf/mm^2（$1\ kgf/mm^2 = 9.81MPa$）；第三位数字表示焊条的焊接位置；第三位和第四位数字组合时，表示焊接电流种类及药皮类型。

举例如下：

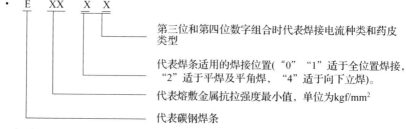

- 在我国已公布的碳钢焊条型号中，代表熔敷金属抗拉强度最小值的数字仅有 "43" 和 "50" 系列两种。
- 如：E4303；43kgf/mm²；全位置；钛钙型；交/直流两用。
  E5015；50kgf/mm²；全位置；低氢钠型；直流反接。

（4）酸性焊条与碱性焊条

根据焊条药皮焊后溶渣中所含酸性氧化物与碱性氧化物的数量不同，焊条分为酸性焊条和碱性焊条。酸性氧化物含量大于碱性氧化物含量的焊条为酸性焊条，反之则为碱性焊条。

酸性焊条有良好的工艺性，但抗裂性比碱性焊条差，只适合焊接强度等级一般的构件。碱性焊条因药皮中高温分解出来的 CaO 能去硫，故抗热裂性好；药皮中的萤石（CaF_2）能夺取 H 形成 HF 逸出，使焊缝区域含氢量减小，故抗冷裂性也好。碱性焊条适宜焊接高强度等级的重要结构，但萤石会使电弧不稳定，并产生有毒气体（氟）。此外碱性焊条熔渣的脱渣性差，焊缝不如酸性焊条美观。

知识点六　手工电弧焊工艺

（1）接头型式和坡口型式

在手工电弧焊中，由于焊件厚度、结构形状和使用条件不同，其接头型式和坡口型式也不同。根据 GB/T 985.1-2008，焊接接头型式可分为对接接头、角接接头、T 形接头和搭接接头 4 种。焊接坡口型式如图 7-4 所示。

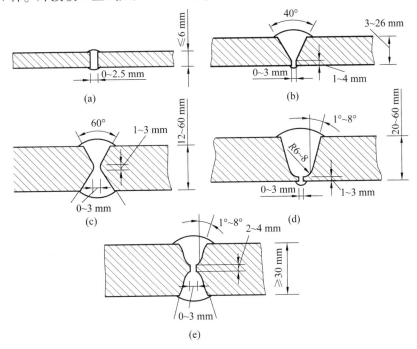

图 7-4　焊接坡口型式

(a) I 型坡口；(b) Y 型坡口；(c) 双 Y 型坡口；(d) 带钝边单边 V 型坡口；(e) 带钝边双边 V 型坡口

为了使焊件焊透并减少被焊金属在焊缝中所占的比例，一般在对接接头手工电弧焊钢板厚度大于 6 mm 时要开坡口；重要的结构厚度大于 3 mm 时就要开坡口。常见的坡口型式有 I 型、V 型和 Y 型等。

（2）焊缝的空间位置

按施焊时焊缝在空间所处的位置不同，焊缝可分为平焊缝、立焊缝、横焊缝和仰焊缝 4 种型式，如图 7-5 所示。平焊时，熔化金属不会外流、飞溅小、操作方便，易于保证焊接质量；横焊和立焊则较难操作；仰焊最难操作，不易掌握。

图 7-5 焊缝的类型

(a) 平焊缝；(b) 立焊缝；(c) 横焊缝；(d) 仰焊缝

(3) 焊接规范参数的选择

手工电弧焊焊接规范参数包括焊条直径、焊接电流、电弧电压和焊接速度等。主要的参数是焊条直径和焊接电流；至于电弧电压和焊接速度，在手工电弧焊中，除非特别指明，均由焊工视具体情况确定。

1) 焊条直径的选择。焊条直径主要取决于焊件厚度、接头型式和焊缝位置、焊接层数等因素。若焊件较厚，则应选用较大直径的焊条。平焊时允许使用较大的电流进行焊接，焊条直径可大些，而立焊、横焊与仰焊应选用小直径焊条。多层焊的打底焊，为防止未焊透缺陷，选用小直径焊条；大直径焊条用于填坡口的盖面焊道。

2) 焊接电流主要根据焊条类型、焊条直径、焊接的厚度、接头型式、焊缝位置，焊道层次等因素确定。使用结构钢焊条进行平焊时，焊接电流可根据经验公式 $I = Kd$ 选用。式中，I 为焊接电流 (A)；d 为焊条直径 (mm)；K 为经验系数 (A/mm)。

K 和 d 的关系为：d 在 1~2 mm 时，K 为 25~30 A/mm；d 在 2~4 mm 时，K 为 30~40 A/mm；d 在 4~6 mm 时，K 为 40~60 A/mm。

立焊、横焊和仰焊时，焊接电流应比平焊时小 10%~20%。对合金钢和不锈钢焊条来说，由于焊芯电阻大、热膨胀系数高，若电流过大，故焊接过程中焊条容易发红而造成药皮脱落，因此焊接电流应适当减小。

3) 焊接层数选择。中厚板开坡口后，应采用多层焊。焊接层数应以每层厚度小于 4~5 mm 的原则确定。当每层厚度为焊条直径的 80%~120% 时，生产效率较高。

任务二 气焊与切割

知识点一 气焊

气焊是利用可燃气体与助燃气体混合燃烧后产生的高温对金属材料进行焊接的工艺，长期以来在制造业和维修行业中被普遍采用，如图 7-6 所示。

气焊用焊炬操作。焊炬结构简单（有射吸式和等压式两种），并可根据不同厚度的焊件调换焊嘴。常用的射吸式焊炬如图 7-7 所示。

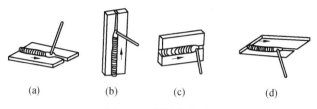

图 7-6 气焊示意图

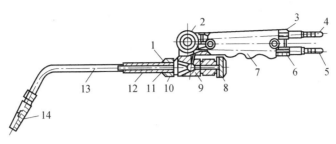

图 7-7 射吸式焊炬

1—射吸管螺母；2—乙炔调节阀；3—乙炔进气管；4—乙炔接头；5—氧气接头；6—氧气进气管；7—手柄；
8—氧气调节阀；9—主体；10—氧气阀针；11—喷嘴；12—射吸管；13—混合气管；14—焊嘴

按乙炔和氧气的混合体积比例不同，气焊有 3 种不同的火焰，即碳化焰、中性焰和氧化焰。与手工电弧焊相比，气焊的温度低、热量分散、加热缓慢，对熔池的保护性差，焊后工件变形大，所以气焊的生产效率低，接头质量不高。但气焊火焰易于控制、操作简便、灵活性强，气焊设备不需要电源，适应性广。

知识点二　切　割

金属切割除机械切割外，常用的还有气割、等离子弧切割、激光切割、水射流切割等。

1. 气割

气割是利用气体火焰的热能将工件切割处预热到一定温度后，喷出高速切割气流，使其燃烧并放出热量实现切割的方法，如图 7-8 所示。手工气割用割炬进行，割炬有一系列规格可供选用，常用割炬的外形如图 7-9 所示。割嘴有梅花形和环形两种，其中心是切割氧喷孔，预热火焰均匀分布在它的周围。除手工气割外，还有机械化自动化的气割设备。

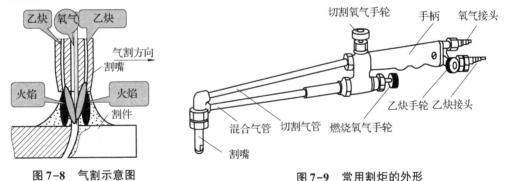

图 7-8　气割示意图　　　　　　　　图 7-9　常用割炬的外形

气割时，利用气体火焰（氧乙炔火焰、氧丙烷火焰）对准割件切口起始处进行预热，待加热到该种金属材料的燃点，通入高压氧气流使金属剧烈氧化并燃烧，同时吹掉氧化燃烧产生的金属氧化物（熔渣）形成切口。随着割炬的移动，这种预热、燃烧、吹渣的过程重复进行，直至完成切割工作。割炬的移动速度与割件厚度及使用割嘴的形状有关，割件越厚，气割速度越慢。

金属材料要进行气割，并保证割口质量良好，应满足以下 3 个条件：

（1）金属在氧气中的燃点应比熔点低，为保证割口光洁，气割应在燃烧过程中进行，不应有熔化现象；

（2）金属燃烧生成氧化物的熔点应低于金属熔点，使得气割生成的氧化物易吹掉；

（3）金属在氧流中燃烧时能放出大量热量，且金属本身的导热性要差，金属燃烧时放出的热量和预热火焰一起对下层金属起着预热作用，使下层金属有足够高的预热温度，使切割过程不断地进行。

气割只适用于纯铁、低碳钢、中碳钢和低合金结构钢的切割。

2. 等离子弧切割

等离子弧切割利用高能量等离子产生的高速等离子流，将融化金属从割口吹开，形成整齐的切口。

等离子弧切割切口窄、速度快，没有氧-乙炔切割时对工件产生的燃烧。因此工件获得的热量相对较小，工件变形也小，适合于切割各种金属材料，如不锈钢、高合金钢、铸铁、铜和铝及其合金。

等离子弧切割方法有双气流等离子弧切割、气压缩等离子弧切割和空气等离子弧切割等，如图7-10~图7-12所示。

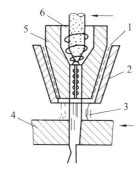

图7-10 双气流等离子弧切割原理图

1—保护气体；2—保护气喷嘴；3—第二保护气体；4—工件；5—压缩喷嘴；6—等离子气通道

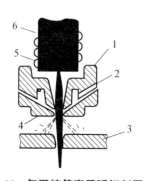

图7-11 气压缩等离子弧切割原理图

1—压缩喷嘴；2—冷却水室；3—工件；
4—陶瓷绝缘体；5—螺旋气体通道；6—电极

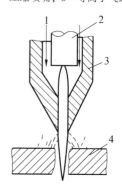

图7-12 空气等离子弧切割原理图

1—进气口；2—电极；3—导电嘴；4—切割母材

3. 激光切割

激光切割是利用激光束的高能量使切口部位金属加热熔化及汽化，同时用纯氧或压缩空气、氮气、氩气等辅助气流吹走液态切口金属而完成切割的一种工艺。

激光切割的优点是：可进行薄板高速切割和曲面切割；切口和热影响区都很窄；切口粗糙度远小于气割和等离子弧切割，也优于冲剪法和机械切割。其切缝宽度最小可达 0.1 mm，接近线切割水平。激光束工作距离大，适合于可达性很差部位的切割，且易自动化。缺点是设备昂贵，切割厚度目前低于 15 mm。

4. 水射流切割

水射流切割是将高压（200～400 MPa）水（有时也加一些粉末状磨料），通过喷嘴喷射到割件上进行切割的方法。该方法可用于切割金属和非金属材料。

知识点三　其他常用焊接方法

1. 埋弧焊

埋弧焊是利用焊丝连续送进焊剂层下产生电弧，从而自动进行焊接的一种焊接方法。其用连续送进焊丝代替手工电弧焊的更换焊条，以颗粒状的焊剂代替焊条药皮（埋弧焊焊剂中无造气剂）。焊接时，电弧在焊剂下使焊丝、接头及焊剂熔化形成熔池，并在焊剂下凝固成焊缝。埋弧焊有埋弧自动焊与埋弧半自动焊两种。前者焊丝输送与电弧移动均由专门机构控制完成（如图7-13所示）；后者焊丝输送由专门机构控制，而电弧移动依靠手工操纵。埋弧自动焊是一种高效率的焊接方法，具有许多独特的优点，被广泛应用于容器、锅炉、造船等行业。埋弧半自动焊现已逐渐被 CO_2 气体保护焊所代替。

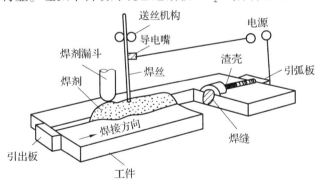

图7-13　埋弧自动焊示意图

2. 气体保护焊

气体保护焊焊接时，保护气体从喷嘴中以一定速度流出，将电弧、熔池、焊丝或电极端部与空气隔开，以获得性能优良的焊缝。保护气体有氩气、CO_2、氢气、氮气、氦气及混合气体等，需根据被焊材料及要求选择。

气体保护焊的优点是电弧可见、焊接对中容易、易实现全位置焊接；电弧在气流的压缩下热量较集中、焊速较快、熔池小、热影响区窄，工件的焊接变形较小，易实现焊接生产过程自动化。CO_2 气体保护焊原理如图 7-14 所示。

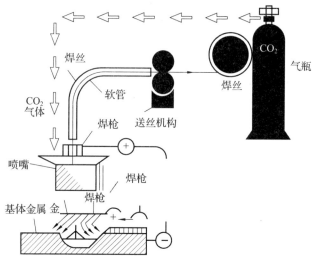

图 7-14　CO_2 气体保护焊原理图

CO_2 气体保护焊的焊接规范参数包括焊丝直径、电弧电压、电源极性、焊接速度和气体流量等。

3. 钨极氩弧焊

钨极氩弧焊是利用钨极（钨钍、钨铈）与工件间产生电弧，以氩气作为保护气体的非熔化极气体保护焊，焊接过程中须另加焊丝。手工钨极氩弧焊的示意图如图 7-15 所示。

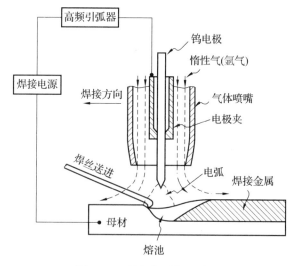

图 7-15　钨极氩弧焊示意图

4. 电阻焊

电阻焊是利用电流直接通过工件本身和工件之间的接触面所产生的电阻热将工件接触面局部加热到塑性状态或熔融状态，同时加压而完成焊接过程的一种方法。焊接时不需外加焊接材料和焊药，易实现焊接过程的机械化和自动化。按工艺特点，电阻焊可分为点焊、缝焊和对焊 3 种，其原理如图 7-16 所示。

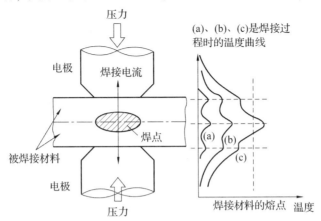

图 7-16 电阻焊原理图

电阻焊对低碳钢、低合金钢、不锈钢、耐热钢和铝、钢及其合金都具有良好的焊接性，所以在航空、汽车、机车、量具、刃具、无线电等行业中都得到广泛应用，图 7-17 所示为部分电阻焊接头型式。

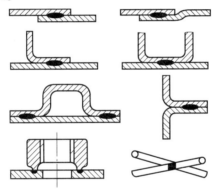

图 7-17 部分电阻焊接头型式

5. 钎焊

钎焊是用钎料熔入焊件金属间隙来连接焊件的方法。其特点是只有钎料熔化，而焊件金属处于固态；熔化的钎料靠润湿和毛细管作用吸入并保持在焊件间隙内，依靠液态钎料和固态焊件金属间原子的相互扩散而达到连接的目的。

6. 电渣焊

电渣焊是利用电流通过熔融的熔渣产生的电阻热作为热源的熔化焊接方法，如图 7-18 所示。电渣焊时由焊丝和引弧板先产生电弧，电弧热使焊剂熔化。待焊剂熔化到一定程度时形成渣池，当渣池液面升高，焊丝进入渣池，电弧熄灭，电流通过渣池产生电阻热，即由电弧过程转入电渣过程。渣池的电阻热温度可达 1 700 ~ 2 000℃，将连续送进的焊丝和焊件坡口表面金属迅速熔化而形成熔池。渣池始终浮在熔池上面，熔池底部则逐渐冷却形成焊缝。

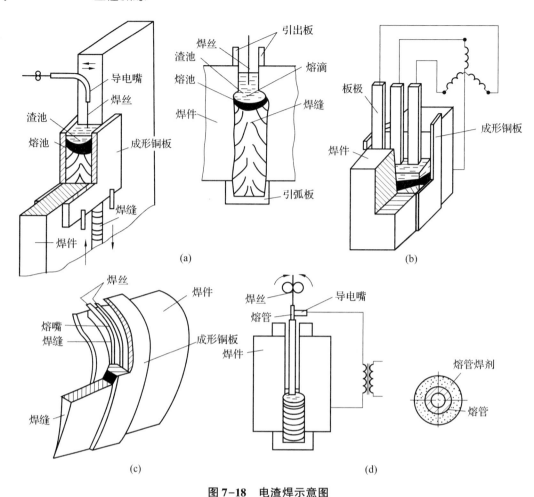

图 7-18 电渣焊示意图

（a）丝极电渣焊；（b）板极电渣焊；（c）熔嘴电渣焊；（d）熔管电渣焊

知识点四 焊接缺陷及其检验方法

1. 焊接应力与变形

在焊接过程中，由于焊件受热的不均匀及熔敷金属的冷却收缩等原因，将导致焊件在焊后产生焊接应力和变形。应力的存在会使得焊件的力学性能降低，甚至会产生焊接裂纹，使结构开裂；而变形则会使焊件的形状和尺寸发生变化，影响装配和使用。

焊接变形的基本形式有纵向和横向收缩变形、角变形、弯曲变形、扭曲变形和波浪变形等。不同形式的变形如图 7-19 所示。如薄钢板的对接，焊后会发生纵向、横向的收缩，并有一定的角变形。

焊接应力和变形是不可避免的，但可以采取合理的结构和工艺措施来减少和消除它的影响。设计结构时，在保证使用性能的前提下，应尽量减少焊缝数量、合理布置焊缝位置、避免焊缝交叉等，以达到减少应力和变形的目的。

在焊接工艺方面主要的措施有：①反变形法；②刚性固定法；③选用能量集中的焊接方法；④制定合理的焊接顺序及方向；⑤对称焊接；⑥焊前预热。对已经产生的变形，可以进行矫正，主要的方法有机械矫正和火焰矫正两种。轻轻锤击焊缝边缘及热处理等办法也可减少甚至消除焊接应力。

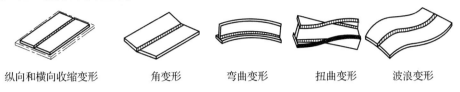

图 7-19　焊接变形的基本形式

2．焊接缺陷

焊接时，因工艺不合理或操作不当，往往在焊接接头处产生缺陷。用不同的焊接方法焊接，产生的缺陷及原因也各不相同。

3．焊接检验

工件焊完后，应根据相关的产品技术文件所规定的要求进行检验。生产中常用的检验方法有外观检验、致密性检验和无损检验等。

（1）外观检验

外观检验指用肉眼或借助低倍放大镜观察焊缝表面情况，确定是否有缺陷存在；用样板、焊缝量尺测量焊缝外形尺寸是否合格。

（2）致密性检验

致密性检验主要用来检查有密封要求的容器和管道。常用的方法有水压试验和气压试验。水压试验用于检查受压容器的强度和焊缝致密性，试验压力为工作压力的 1.25~1.5 倍。

（3）无损检验

无损检验主要用于检查焊缝内部缺陷。常用方法有磁粉探伤、渗透探伤、射线探伤和超声波探伤等。

磁粉探伤是利用磁粉处于磁场中的焊接接头表面上的分布特征，来检验铁磁性材料的表面微裂纹和近表面缺陷的方法。

渗透探伤是用带有荧光染料（荧光法）或红色染料（着色法）的渗透剂对焊接缺陷的渗透作用来检查表面微裂纹的方法。

射线探伤和超声波探伤是用专门仪器检查焊接接头是否有内部缺陷（如裂纹、未焊透、气孔、夹渣等）的方法。

上述各种方法均属于非破坏性检验。必要时，还可以根据产品设计要求进行破坏性检验，如力学性能试验、金相检验、断口检验及耐腐蚀检验等。

任务三　实训教学示例——焊接

1．实训目标

熟练掌握焊接的基础理论和操作技能，为后面的课程做好铺垫；掌握手工电弧焊的基本知识和操作方法。

2. 基本要求

了解手工电弧焊的原理及特性，了解电焊条的组成及作用，能够合理选用焊条；了解电弧焊相关工艺参数的确定方法，了解焊接应力及变形的产生、矫正原理和应用；初步掌握手工电弧焊的焊接工艺及操作方法，了解常见焊接缺陷的产生原因及预防措施。

具体要求如下：

1）要求掌握焊接的操作基本技能及基础理论；

2）要求掌握焊接工艺，了解金属熔化焊接过程中的基本规律、焊接的基本特性，了解金属熔化焊接的常见缺陷产生原因及控制方法；

3）要求了解焊接设备的使用及维护；

4）要求掌握规范的操作方法与安全生产的注意事项。

3. 电焊焊接

电焊焊接实训时间安排为：4天内完成。参加实训人员分成若干组，每组2人，1人操作，1人监护观察，每隔10 min进行轮流操作。

（1）准备工作

准备电焊焊接设备、焊接平台及所需工具、焊接材料、防护用品、普通电焊条。

1）焊前准备。实训人员必须穿戴好劳动防护用品，包括工作帽、工作服、护腿和焊工手套；选用合适色号的护目玻璃；牢记焊工操作时应遵循的安全操作规程，并在作业时贯彻始终。

2）焊机准备。焊机由电工接好电源线和接地线，并用测电笔测量机壳的带电情况，然后由实训人员接好焊机的输出焊接电缆线。连接焊件的电缆线可固定在一块方钢上。

3）焊条准备。酸、碱性焊条具有不同的焊接工艺性能，实训人员都应掌握。本作业选用43D3（酸性焊条）和X5015（碱性焊条）两种型号的焊条，直径分别为2.5~5 mm。焊条使用前应放在焊条烘箱内按规定温度和时间进行烘干。在正式焊接前，应对焊条进行现场检验，检验合格后方可进行试焊。

4）焊件准备。本作业采用Q235A低碳钢板，厚6~8 mm，长、宽分别为300 mm、150 mm。钢板表面用角向磨光机打磨至露出金属光泽，再用划针在钢板表面每间隔30 mm划一条直线，并打上样冲眼作为标记。

5）辅助工具和量具的准备。实训人员应在作业区附近备好錾子、清渣锤、焊缝万能量规、钢丝刷等辅助工具和量具。

（2）操作特点

操作时，实训人员左手持面罩、右手拿焊钳，焊钳上夹持焊条，焊接姿势如图7-20所示。在焊条与焊件间产生电弧后利用电弧的高温（6 000~8 000K）熔化焊条金属和母材金属，熔化的部分金属熔合在一起成为熔池。焊条移动后熔池冷却成为焊缝，通过焊缝将两块分离的母材牢固地结合在一起，实现焊接。

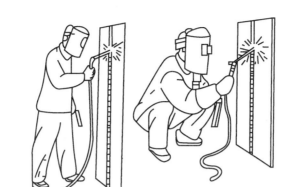

图 7-20 焊接姿势

平敷焊是将焊件置于水平位置,在焊件上堆敷焊道的操作方法,这是手工电弧焊最基本的操作方法。通过练习,实训人员应该熟练地掌握手工电弧焊操作中的各种基本动作和选择相应的焊接工艺参数,熟悉各种常用焊机及辅助工具的使用方法。

采用手工电弧焊时,引燃焊接电弧的过程叫作引弧。引弧时,首先把焊条端部与焊件轻轻接触,然后很快将焊条提起,这时电弧就在焊条末端与焊件之间建立起来。常用引弧方法有划擦引弧法和直击引弧法两种,如图 7-21 所示。

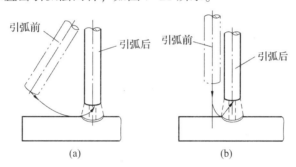

图 7-21 引弧方法
(a) 划擦引弧法;(b) 直击引弧法

划擦引弧法是先将焊条末端对准焊件,然后像划火柴似的将焊条在焊件表面轻轻划擦一下,引燃电弧,再迅速将焊条提升到使弧长保持 2~4 mm 高度的位置,并使之稳定燃烧。这种引弧方式的优点是电弧容易引燃,操作简便,引弧效率高;缺点是容易损坏焊件的表面,造成焊件表面划伤的痕迹,在焊接正式产品时应该少用。

直击引弧法是将焊条末端垂直地在焊件起焊处轻微碰击,然后迅速将焊条提起,电弧引燃后,立即使焊条末端与焊件保持 2~4 mm 的距离,使电弧稳定燃烧。这种引弧方法的优点是不会使焊件表面造成划伤缺陷,又不受焊件表面的大小及焊件形状的限制,所以是正式生产时采用的主要引弧方法;缺点是引弧成功率低,焊条与焊件往往要碰击几次才能使电弧引燃和稳定燃烧。

(3) 焊接位置的选择

焊缝相对于施焊者所处的空间位置,称为焊接位置。焊接位置通常分为平焊、立焊、横焊和仰焊,如图 7-5 所示。

(4) 焊缝质量分析

焊缝形状与焊接工艺参数的选择密切相关，因此可以根据焊缝形状来判断焊接工艺参数是否合适。

(5) 焊道收尾

焊道的收尾是指一根焊条焊完后如何熄弧。焊接过程中由于电弧的吹力，熔池呈凹坑状，并且低于已凝固的焊道。因此，如果收尾时立即拉断电弧，则会产生一个低于焊道表面甚至低于焊件平面的弧坑，过深的弧坑是不被允许的。焊道收尾动作不应仅是熄弧，还要填满弧坑。常用的焊道收尾方法有 3 种，如图 7-22 所示。

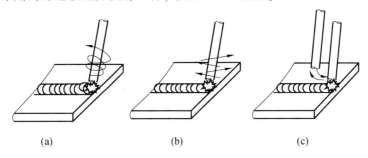

图 7-22　常用的焊道收尾方法

(a) 划弧收尾法；(b) 反复断弧收尾法；(c) 回焊收尾法

1) 划弧收尾法。焊条移至焊道终点时，利用手腕动作（手臂不动）作圆圈运动，直到填满弧坑后再拉断电弧。此法适用于厚板焊接，用于薄板则有烧穿的风险。

2) 反复断弧收尾法。焊条移至焊道终点时，在弧坑上反复作数次熄弧-引弧操作，直至填满弧坑为止。此方法适用于薄板焊接，但碱性焊条不宜使用此法，因为容易在弧坑处产生气孔。

3) 回焊收尾法。焊条移至焊道收尾处即停止，但未熄弧，此时适当改变焊条角度，然后慢慢拉断电弧。碱性焊条常用此法熄弧。

项目八 数控机床概述

任务一 数控机床的组成及其功能

知识点一 数控机床的组成

数控机床一般由数控系统、包含伺服电动机和检测反馈装置的伺服系统、强电控制柜、机床本体和各类辅助装置组成，如图8-1所示。

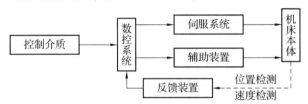

图 8-1 数控机床的组成

知识点二 控制介质

数控机床工作时，不需要操作工人直接操纵机床，但机床又必须执行人的意图，这就需要在人与机床之间建立某种联系，这种联系的中间媒介物即称为控制介质。

知识点三 数控系统

数控系统是一种控制系统，是数控机床的中心环节。其能自动阅读输入载体上事先给定的数字，并将其译码，从而使机床进给并加工零件。数控系统通常由输入装置、控制器、运算器和输出装置4大部分组成。

知识点四 伺服系统

伺服系统由伺服驱动电动机和伺服驱动装置组成，它是数控系统的执行部分。伺服系统接受数控系统的指令信息，并按照指令信息的要求带动机床的移动部件运动或是执行部分动作,以加工出符合要求的工件。每一个脉冲使机床移动部件产生的位移量叫作脉冲当量。目前,数控系统的脉冲当量通常为 0.001 mm/脉冲。

知识点五　辅助控制系统

辅助控制系统是介于数控装置和机床、液压部件之间的强电控制装置。

知识点六　机床本体

机床本体是数控机床的主体,由机床的基础大件(如床身、底座)和各运动部件(如工作台、床鞍、主轴等)所组成。

任务二　数控机床的工作原理

数控系统的主要任务之一就是控制执行机构按预定的轨迹运动。一般情况是已知运动轨迹的起点坐标、终点坐标和曲线方程,由数控系统实时地算出各个中间点的坐标,即需要"插入、补上"运动轨迹各个中间点的坐标,通常这个过程就称为插补。

知识点一　逐点比较法直线插补

(1) 直线插补计算原理

逐点比较法直线插补,是指根据给定的信息进行数字计算,在计算过程中不断向各个坐标发出相互协调的进给脉冲,使被控机械部件按指定的路线移动。

偏差计算公式定义直线插补的偏差判别式如下:

$$F_m = Y_m X_e - X_m Y_e$$

(2) 终点判断的方法

第一种方法是设置 2 个减法计数器;第二种方法是设置 1 个终点计数器;第三种方法是选终点坐标值较大的坐标作为计数坐标。

(3) 插补计算过程

1) 偏差判别:即判别偏差 $F \geq 0$ 或 $F < 0$,以确定坐标进给和偏差计算方法。

2) 坐标进给:根据偏差符号,决定向哪个方向进给。

3) 偏差计算:进给一步后,计算新的加工点的偏差,作为下次偏差判别的依据。

4) 终点判别:进给一步后,终点计算器减 1,根据计算器的内容是否为 0,判别是否到达终点。若计算器内容为 0,表示到达终点,则设置插补结束标志后返回。

知识点二　逐点比较法圆弧插补

逐点比较法圆弧插补的基本原理是在刀具按要求轨迹运动加工零件轮廓的过程中,不断比较刀具与被加工零件轮廓之间的相对位置,并根据比较结果决定下一步的进给方向,使刀具向减小偏差的方向进给(始终只有一个方向)。

一般地，逐点比较法圆弧插补过程有4个处理节拍。

（1）偏差判别

判别刀具当前位置相对于给定轮廓的偏差状况。

（2）坐标进给

根据偏差状况，控制相应坐标轴进给一步，使加工点向被加工轮廓靠拢。

（3）重新计算偏差

刀具进给一步后，坐标点位置发生了变化，应按偏差计算公式计算新位置的偏差值。

（4）终点判别

若已经插补到终点，则返回监控，否则重复以上过程。

任务三　数控编程基础

知识点一　程序编制的内容和步骤

数控加工是指在数控机床上进行零件加工的一种工艺方法。

数控机床程序编制过程的主要内容包括零件图的分析、数控机床的选择、工件装夹方法的确定、加工工艺的确定、刀具的选择、程序的编制、程序的调试。

知识点二　程序编制的方法

1. 手工编程

手工编程指利用一般的计算工具，通过各种数学方法，人工进行刀具轨迹的运算，并进行指令编制。这种方式比较简单，很容易掌握，适应性较强。手工编程适用于中等复杂程度程序、计算量不大的零件编程，机床操作人员必须掌握。

2. 自动编程

（1）自动编程软件编程

自动编程软件编程指利用通用的微型计算机及专用的自动编程软件，以人机对话方式确定加工对象和加工条件，自动进行运算和生成指令。

（2）专用的自动编程软件

专用的自动编程软件多为在开放式操作系统环境下的微型计算机上开发的，具有成本低、通用性强的特点。

知识点三　程序的结构

零件程序是用来描述零件加工过程的指令代码集合，它由程序号、程序内容和程序结束指令3部分组成。

以下所示是在一块平板上铣削圆环槽的零件程序。

O0000；	程序号
N10 G00 X10 Y25；	快速定位到（10，25）
N20 Z10；	快速定位（10，25，10）
N30 M03 S1250；	主轴启动
N40 G01 Z-5 F100V	进给到（10，25，-5）
N50 G02 X10 Y25 1-10 J-25 F125；	XY平面顺时针铣圆弧
N60 G00 Z100；	快速退回
N70 X0 Y0；	快速退回
N80 M05；	主轴停止
N90 M30；	程序结束

（1）程序号

程序号即为程序的编号，位于程序的开始。为了区别存储器中的程序，每个程序都要有编号。如在FANUC系统中，一般采用英文字母O作为程序编号地址；而在其他数控系统中，则分别采用"P""L""%"":"等不同形式。

（2）程序内容

加工程序由若干个程序段组成。每个程序段一般占一行。程序段由若干个指令构成，用来表示数控机床要完成的全部动作。

（3）程序结束指令

程序结束指令可以用M02（程序结束）或M30（程序结束，并复位到起始位置），一般要求单列一段。

知识点四　程序段格式

程序段格式是指程序段中的字、字符和数据的安排形式。目前加工程序使用字地址可变程序段格式，每个字长不固定，各个程序段的长度和功能字的个数都是可变的。在字地址可变程序段格式中，在上程序段中写明的、本程序段里又不发生变化的那些字仍然有效，可以不再重写。这种功能字称为续效字。

（1）程序段号

程序段号位于程序段之首，由顺序号字N和后续数字组成。后续数字一般为1~4位的正整数。数控加工中的顺序号实际上是程序段的名称，与程序执行的先后次序无关。数控系统不是按程序段号的顺序来执行程序，而是按程序段编写时的排列顺序逐段执行程序的。

程序段号的作用包括：对程序的校对和检索修改；作为条件转向的目标，即作为转向目的程序段的名称。有顺序号的程序段可以进行复归操作，这是指加工可以从程序的中间开始，或回到程序中断处开始。

（2）准备功能

准备功能G代码是建立机床或控制系统工作方式的一种指令，如插补、刀具补偿、固定循环等。G代码分为模态代码和非模态代码。模态代码表示该代码一经在某个程序中指定，直到出现同组的另一个代码时才失效；非模态代码只在写有该代码的程序中才有效。国标中规定 G 代码由字母 G 及其后面的两位数字组成，从 G00~G99 共 100 种代码。

这些代码中虽然有些常用的准备功能代码的定义几乎是固定的，但也有很多代码其含义及应用格式对不同的机床系统有着不同的定义，因此，在编程前必须熟悉所用机床的使用说明书或编程手册。

（3）坐标值

坐标值用于确定机床上刀具运动终点的坐标位置。多数数控系统可以用准备功能字来选择坐标值的制式，如 FANUC 系统可用 G21/G22 来选择米制单位/英制单位，也有些系统用系统参数来设定坐标值的制式。采用米制时，一般单位为 mm，如 X100 指令的坐标单位为 100 mm。当然，一些数控系统可通过参数来选择不同的坐标值单位。

（4）进给速度功能

进给速度功能 F，又称为 F 功能或 F 指令，用于指定切削的进给速度。对于车床，F 可分为每分钟进给（单位为 mm/min）和主轴每转进给（单位为 mm/r）两种；对于其他数控机床，一般只用每分钟进给。F 指令在螺纹切削程序段中常用来指定螺纹的导程。进给速度一般有如下两种表示方法。

1）代码法。F 后跟的两位数字并不直接表示进给速度的大小，而是表示机床进给速度序列的代号。进给速度序列的代号可以是算术级数，也可以是几何级数。

2）直接指定法。F 后跟的数字就是进给速度的大小。如 F100 表示进给速度是 100 mm/min。这种方法较为直观，目前大多数数控机床都采用此方法。

实际进给速度还可以根据需要作适当调整，即进给速度修调。修调是按倍率来进行计算的。如程序中指令为 F80，修调倍率调在 80% 挡上，则实际进给速度为 80×80% = 64 mm/min。

（5）主轴转速功能

主轴转速功能 S，又称为 S 功能或 S 指令，用于指定主轴转速，单位为 r/min。对于具有恒线速度功能的数控车床，程序中的 S 指令用来指定车削加工的线速度。

主轴转速也有代码法和直接指定法两种表示方法。有些数控机床的主轴转速也可以根据需要进行调整。

（6）刀具功能

刀具功能 T，又称为 T 功能或 T 指令。T 指令为刀具指令，在加工中心中，该指令用于自动换刀时选择所需的刀具。在车床中，T 后常跟四位数，前两位为刀具号，后两位为刀具补偿号。在铣/镗床中，T 后常跟两位数，用于表示刀具号，刀具补偿号则用 H 代码或 D 代码表示。

（7）辅助功能

辅助功能 M，又称为 M 功能或 M 指令，用于指定主轴的旋转方向、启动、停止、冷却液的开关、刀具的更换等各种辅助动作及其状态。

M 指令由字母 M 和其后的两位数字组成，有 M00~M99 共 100 种代码。这些代码中同样也有部分因机床系统而异的代码，也有相当一部分代码是不指定的。

任务四　数控程序编制中的工艺分析

知识点一　数控加工工艺基本特点

数控加工的程序是数控机床的指令性文件。数控机床受控于程序指令，加工的全过程都是按程序指令自动进行的。因此，数控加工程序与普通机床工艺规程有较大差别，涉及的内容也较广。

数控机床加工程序不仅要包括零件的工艺过程，而且还要包括切削用量、走刀路线、刀具尺寸以及机床的运动过程。因此，这要求编程人员对数控机床的性能、特点、运动方式、刀具系统、切削规范，以及工件的装夹方法都要非常熟悉。

知识点二　对刀点和换刀点的确定

对刀点是指数控加工时刀具相对工件运动的起点，这个起点也是编程时程序的起点。因此，对刀点也称程序起点或起刀点。在编程时应正确选择对刀点的位置，选择的原则如下：

（1）选定的对刀点位置应便于数字处理和使程序编制简单；
（2）在机床上容易找正；
（3）加工过程中便于检查；
（4）引起的加工误差小。

对刀时，应使刀位点与对刀点重合。刀位点一般是指车刀、镗刀的刀尖，钻头的钻尖，立铣刀、面铣刀刀头底面的中心，球头铣刀的球头中心。

知识点三　进给路线的选择

选择进给路线时，应遵循以下原则：
（1）按工件总体加工顺序来确定各表面加工进给路线的顺序；
（2）所选择的进给路线应该能够满足工件加工后的精度及表面粗糙度要求；
（3）寻求捷径，选择最短的进给路线，这样可以节省时间、提高加工效率；
（4）所选择的进给路线要满足工件加工时的变形量是最小的。

任务五　数控机床的坐标系统

知识点一　建立坐标系的基本原则

（1）永远假定工件静止，刀具相对于工件移动。

(2）坐标系采用右手笛卡儿直角坐标系。如图 8-2 所示，大拇指的方向为 X 轴的正方向，食指指向为 Y 轴的正方向，中指指向为 Z 轴的正方向。在确定了 X、Y、Z 坐标的基础上，根据右手螺旋法则，可以很方便地确定出 A、B、C 三个旋转坐标的方向。

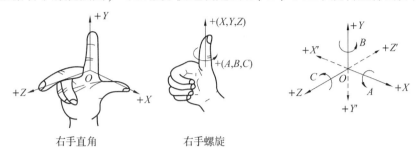

图 8-2　右手笛卡儿直角坐标系及旋转运动正方向的规定

（3）规定 Z 坐标的运动由传递切削动力的主轴决定，与主轴轴线平行的坐标轴即为 Z 轴；X 轴为水平方向，平行于工件装夹面并与 Z 轴垂直。

（4）规定以刀具远离工件的方向为坐标轴的正方向。

以上的原则，当机床为前置刀架时，X 轴正向向前，指向操作者，如图 8-3 所示；当机床为后置刀架时，X 轴正向向后，背离操作者，如图 8-4 所示。

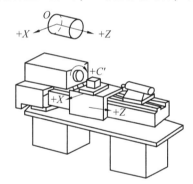

图 8-3　前置刀架式数控车床的坐标系

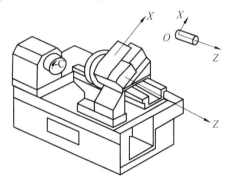

图 8-4　后置刀架式数控车床的坐标系

知识点二　机床坐标系

机床坐标系是以机床原点为坐标系原点建立起来的 ZOX 轴直角坐标系。

1. 机床原点

机床原点（又称机械原点）即机床坐标系的原点，是机床上的一个固定点，其位置是由机床设计和制造单位确定的，通常不允许用户改变。数控车床的机床原点一般为主轴回转中心与卡盘后端面的交点，如图 8-5 所示。

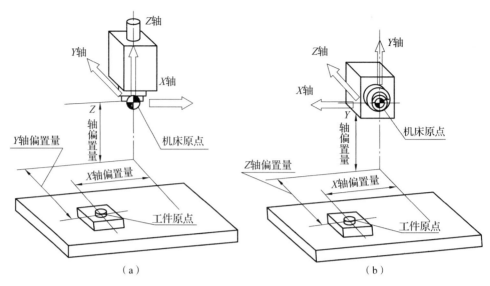

图 8-5 机床坐标系
(a) 立式数控机床的坐标系；(b) 卧式数控机床的坐标系

2. 机床参考点

机床参考点也是机床上的一个固定点，它是用机械挡块或电气装置来限制刀架移动的极限位置，主要作用是用来给机床坐标系一个定位。因为如果每次开机后无论刀架停留在哪个位置，系统都把当前位置设定成（0，0，0），这就会造成基准的不统一。

数控机床在开机后首要进行回参考点（也称回零点）操作。机床在通电之后、返回参考点之前，不论刀架处于什么位置，此时 CRT 显示器上显示的 Z 与 X 的坐标值均为 0。只有完成了返回参考点操作后，刀架运动到机床参考点，此时 CRT 显示器上显示出刀架基准点在机床坐标系中的坐标值，即建立了机床坐标系。

知识点三　工件坐标系

数控机床加工时，工件可以通过卡盘夹持于机床坐标系下的任意位置。这样一来在机床坐标系下编程就很不方便。所以编程人员在编写零件加工程序时通常要选择一个工件坐标系，也称编程坐标系，程序中的坐标值均以工件坐标系为依据。

工件坐标系的原点可由编程人员根据具体情况确定，一般设在图样的设计基准或工艺基准处。根据数控机床的特点，工件坐标系原点通常设在工件左、右端面的中心或卡盘前端面的中心。

任务六　数控车床编程

知识点一　数控车床概述

数控车床品种繁多，按数控系统的功能和机械构成可分为简易数控车床（经济型数控车床)、多功能数控车床和数控车削中心。

1) 简易数控车床（经济型数控车床）是低档次数控车床，一般是用单板机或单片机进行控制，机械部分是在普通车床的基础上设计改进的。

2) 多功能数控车床也称全功能型数控车床，由专门的数控系统控制，具备数控车床的各种结构特点。

3) 数控车削中心是在数控车床的基础上增加其他的附加坐标轴。

按结构和用途，数控车床主要可分为数控卧式车床、数控立式车床和数控专用车床（如数控凸轮车床、数控曲轴车床、数控丝杠车床等）。

知识点二　数控车床的基本组成

数控车床主要由数控系统、主轴箱、主轴伺服电机、夹紧装置、往复托板、刀架、控制面板组成。其中，数控系统由计算机数控装置、输入/输出设备、可编程控制器（PLC）、主轴驱动装置、进给驱动装置，以及位置测量系统等几部分组成。

知识点三　数控车床的加工特点

数控车床加工具有如下特点：

1) 加工生产效率高；
2) 减轻劳动强度，改善劳动条件；
3) 对零件加工的适应性强、灵活性好；
4) 加工精度高，质量稳定；
5) 有利于生产管理。

知识点四　数控车床坐标系统

1. 机床坐标系

数控车床的坐标系以径向为 X 轴方向，纵向为 Z 轴方向；以指向主轴箱的方向为 Z 轴的负方向，指向尾架方向为 Z 轴的正方向；以操作者面向的方向为 X 轴正方向。X 坐标和 Z 坐标指令在按绝对坐标编程时，使用代码 X 和 Z；按增量坐标（相对坐标）编程时，使用代码 U 和 W。

2. 程序原点

程序原点是指程序中的坐标原点，即在数控加工时，刀具相对于工件运动的起点。

3. 机械原点或称机床原点

以 L-10MC 数控车削中心为例介绍 X 和 Z 轴的机械原点。

1) X 轴机械原点。X 轴的机械原点被设定在刀盘中心距离主轴中心 500 mm 的位置。

2) Z 轴机械原点。Z 轴的机械原点可以通过改变挡块的安装位置来改变。Z 轴机械原点挡块可以被安装在机床的不同位置上。

知识点五　FANUC 系统数控车床程序的编制

1. 程序结构

FANUC 系统数控车床的程序段由程序段顺序号 N、准备功能指令 G、X 轴移动指令 X（U）、Z 轴移动指令 Z（W）、进给功能指令 F、辅助功能指令 M、主轴功能指令 S、刀具功能指令 T 构成。

2. 进给功能指令 F

进给功能指令 F 用于控制切削进给量，在程序中它有两种使用方法。

（1）每转进给模式 G99，编程格式为 G99 F_ 。F 后面的数字表示主轴每转进给量，单位为 mm/r，如"G99 F0.2"表示进给量为 0.2 mm/r。

（2）每分钟进给模式 G98，编程格式为 G98 F_ 。F 后面的数字表示每分钟进给量，单位为 mm/min，如"G98 F100"表示进给量为 100 mm/min。

3. 主轴转速功能指令 S

主轴转速功能指令 S 用于控制主轴转速，编程格式为 S_ 。

在具有恒线速度功能的机床上，S 功能指令还有如下作用。

（1）最高转速限制 G50，编程格式为 G50 S_ 。S 后面的数字表示的是最高转速，单位为 r/min。如"G50 S100"表示最高转速限制为 100 r/min。

（2）恒线速度控制 G96，编程格式为 G96 S_ 。S 后面的数字表示恒定的线速度，单位为 m/min。如"G96 S150"表示切削点线速度控制在 150 m/min。

（3）恒线速度取消 G97，编程格式为 G97 S_ 。S 后面的数字表示恒线速度控制取消后的主轴转速，如 S 未指定，将保留 G96 的最终值。如"G97 S1000"表示恒线速度控制取消后主轴转速为 1 000 r/min。

4. 刀具功能指令 T

刀具功能指令 T 用于选择加工所用刀具，编程格式为 T_ 。T 后面通常由两位数表示所选择的刀具号码，但也有 T 后面用四位数字表示的（前两位是刀具号；后两位是刀具长度补偿号，也是刀尖圆弧半径补偿号）。

5. 数控车床的基本指令

（1）G50~G59，指令工件坐标系的建立

编程格式：

G50 X_ Z_

其中，X、Z 后面的值是起刀点相对于加工原点的位置。G50 的使用方法与 G92 类似。在数控车床编程时，所有 X 坐标值均使用直径值。

注意：在执行此指令之前必须先进行对刀，通过调整机器将刀具放在程序所要求的起刀点位置上；此指令并不会产生机械移动，只是让系统内部用新的坐标值取代旧的坐标值，从而建立新的坐标系。

(2) G00，快速点定位

编程格式：

G00 X(U)_ Z(W)_

其中，X、Z 后面的值是快速点定位的终点坐标值。

G00 指令控制刀具以点位控制的方式快速移动到目标位置，其移动速度由参数来设定。该指令用于使刀具趋近工件，或在切削完毕后使刀具撤离工件。

注意：刀具移动轨迹是几条线段的组合，而不是一条直线，故在各坐标方向上有可能不是同时到达终点的。例如，在 FANUC 系统中，运动总是先沿 45°角的直线移动，最后再在某一轴单向移动至目标点位置，如图 8-6 所示。

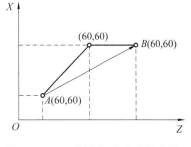

图 8-6　G00 指令运动方式示意图

(3) G01，直线插补

编程格式：

G01 X(U)_ Z(W)_ F_

G01 指令用于按 F 指定的进给速度切削任意斜率的直线。其中，采用绝对编程时，刀具以 F 指令的进给速度移至坐标值为 X、Z 的点上。采用增量编程时，刀具则移动至距当前点的距离为 U、W 值的点上。在执行 G01 时，实际进给速度等于 F 指令速度与进给速率的乘积。

(4) G02/G03，圆弧插补

编程格式：

G02/G03 X(U)_ Z(W)_ K_ F_

G02/G03 X(U)_ Z(W)_ R_ F_

G02 为按指定进给速度的顺时针圆弧插补；G03 为按指定进给速度的逆时针圆弧插补。圆弧顺逆方向的判别为：沿着不在圆弧平面内的坐标轴，由正方向向负方向看，顺时针方向为 G02，逆时针方向为 G03，如图 8-7 所示。

注意：1) 绝对编程时，X、Z 是指圆弧插补的终点坐标值；增量编程时，U、W 为圆弧的终点相对于圆弧的起点的坐标值。

2) I、K 是指圆弧起点到圆心的增量坐标，与 G90、G91 无关，为 0 时可省略。有的机床厂家用 I、K 作为起点相对于圆心的坐标增量。

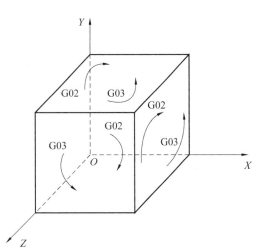

图 8-7　G02/G03 判别

3) R 为指定圆弧半径，当圆弧的圆心角小于等于 180°时，R 值为正；当圆弧的圆心角大于 180°时，R 值为负。同一程序段中，I、K、R 同时出现时，R 优先，I、K 无效。

(5) G04，暂停指令

G04 指令可使刀具进行短暂的无进给光整加工，一般用于镗平面、钻孔等场合。编程格式为 G04 X_（或 P_）；地址码 X 或 P 为暂停时间。

知识点六　车削固定循环

数控车床上被加工工件的毛坯常用棒料，因此加工余量大，一般需要多次加工才能去除全部余量。为了简化编程，数控系统提供了不同形式的固定循环功能，以缩短程序段的长度，减少程序所占内存。固定循环一般分单一形状固定循环和复合形状多重固定循环。

1. 单一形状固定循环

1）外圆切削循环 G90，指令格式为 G90　X(U) _ Z(W) _ F_ 。

2）端面切削循环 G94，指令格式为 G94　X(U) _ Z(W) _ F_ 。

2. 复合形状多重固定循环

(1) 外圆粗车循环（G71）

指令格式为：

G71 U (od) R (e);

G71 P (ns) Q (nd) U (ou) W (ow) F (f) S (s) T (t);

其中，od——每次径向背吃刀量（半径值、正值）；

　　　　e—— 每次切削退刀量；

　　　　ns——循环中的第一个程序号；

　　　　nf——循环中的最后一个程序号；

　　　　ou——径向（X）的精车余量；

　　　　ow——轴向（Z）的精车余量。

注意：①ns-nf 程序段中的 F、S、T 功能，即使被指定也对粗车循环无效；②零件轮廓必须符合 X 轴、Z 轴方向同时单调增大或单调减少；③X 轴、Z 轴方向非单调变化时，ns-nf 程序段中第一条指令必须在 X 轴、Z 轴方向同时有运动。

(2) 车端面复合循环 G72

车端面复合循环适用于 Z 向余量小、X 向余量大的棒料粗加工的情况，编程格式：

G72 U (od) R (e);

G72 P (ns) Q (nd) U (ou) W (ow) F (d) S (s) T (t);

其中，各参数的含义与 G71 的相同。

(3) 固定形状粗车循环 G73

编程格式：

G73 U (od) W (ow) R (e);

G73 P (ns) Q (nf) U (ou) W (ow) F (f) S (s) T (t);

其中，各参数的含义与 G71 的相同。

(4) 精加工循环 G70

用 G71、G72、G73 完成粗加工后，可以用 G70 进行精加工。精加工时，G71、G72、

G73 程序段中的 F、S、T 指令无效,只有在 ns-nf 程序段中的 F、S、T 才有效。精车时的加工余量是粗车循环时留下的精车余量,加工轨迹是工件的轮廓线。

编程格式:

G70 P (ns) Q (nf);

其中,ns——精加工轮廓程序段中开始程序段的段号;

nf——精加工轮廓程序段中结束程序段的段号。

知识点七 螺纹切削

(1) G32,基本螺纹切削

编程格式:

G32 X (U) _ Z (W) _ F_

其中,X (U)、Z (W) 为绝对编程时,有效螺纹终点在工件坐标系中的坐标。X 省略时为圆柱螺纹切削,Z 省略时为端面螺纹切削,X、Z 均不省略时为锥螺纹切削;F 为螺纹导程,即主轴每转 1 圈,刀具相对于工件的进给值。

切削时应注意以下 4 个参数。

1) 螺纹牙型高度。螺纹牙型高度(螺纹总切深)是指螺纹牙型上牙顶到牙底之间垂直于螺纹轴线的距离,它是车削时车刀的总切入深度。

根据规定,普通螺纹的牙型理论高度 $H=0.866P$。实际加工时,由于螺纹车刀刀尖半径的影响,螺纹的实际切深有变化。根据规定,螺纹车刀可在牙底最小削平高度 H78 处削平或倒圆,则螺纹实际牙型高度 h 可按下式计算:

$$h=0.5413P$$

2) 螺纹起点与螺纹终点径向尺寸。螺纹加工中,径向起点(编程大径)的确定取决于螺纹大径。

3) 螺纹起点与螺纹终点轴向尺寸。由于车螺纹起始时有个加速过程,结束前有一个减速过程,在这段距离中螺距不可能保持均匀。因此车螺纹时,两端必须设置足够的升速进刀段和减速退刀段以剔除两端因变速而出现的非标准螺距的螺纹段。同理,在螺纹切削过程中,进给速度修调功能和进给暂停功能无效,若此时按进给暂停键,刀具将在螺纹段加工完后才停止运动。有的机床具有主轴恒线速控制(G96)和恒转速控制(G97)的指令功能。对于端面螺纹和平面螺纹的加工来说,若恒线速控制有效,则主轴转速将是变化的,这样加工出的螺纹螺距也将是变化的。所以,在螺纹加工过程中,不应该使用恒线速控制功能。从粗加工到精加工,主轴转速必须保持为一常数,否则,螺距将发生变化。

4) 分层背吃刀量。如果螺纹牙型较深、螺距较大,可分几次进给,每次进给的背吃刀量用螺纹深度碳精加工背吃刀量所得的差按递减规律分配。常用米制螺纹切削的进给次数与背吃刀量如表 8-1 所示,常用英制螺纹切削的进给次数与背吃刀量如表 8-2 所示。

表 8-1 常用米制螺纹切削的进给次数与背吃刀量（双边）

螺距/mm		1.0	1.5	2.0	2.5	3.0	3.5	4.0
牙深/mm		0.649	0.974	1.299	1.624	1.949	2.273	2.598
		背吃刀量/mm						
切削次数	1 次	0.7	0.8	0.9	1.0	1.2	1.5	1.5
	2 次	0.4	0.6	0.6	0.7	0.7	0.7	0.8
	3 次	0.2	0.4	0.6	0.6	0.6	0.6	0.6
	4 次		0.16	0.4	0.4	0.4	0.6	0.6
	5 次			0.1	0.4	0.4	0.4	0.4
	6 次				0.15	0.4	0.4	0.4
	7 次					0.2	0.2	0.4
	8 次						0.15	0.3
	9 次							0.2

表 8-2 常用英制螺纹切削的进给次数与背吃刀量（双边）

牙数		24	18	16	14	12	10	8
牙深/mm		0.678	0.904	1.016	1.162	1.355	1.626	2.033
		背吃刀量/mm						
切削次数	1 次	0.8	0.8	0.8	0.8	0.9	1.0	1.2
	2 次	0.4	0.6	0.6	0.6	0.6	0.7	0.7
	3 次	0.16	0.3	0.5	0.5	0.6	0.6	0.6
	4 次		0.11	0.14	0.3	0.4	0.4	0.5
	5 次				0.13	0.21	0.4	0.5
	6 次						0.16	0.4
	7 次							0.17

知识点八 子程序

在编制加工程序的过程中，如果有一组程序段在一个程序中多次出现或者在几个程序中都要使用它，则可以将这个典型的加工程序编制成固定程序，单独命名，这种程序段称为子程序。使用子程序可以减少不必要的编程重复，从而达到简化编程的目的。

使用子程序的编程格式为：

M98 P_ L_ ；

其中，P_ 为要调用的子程序号；L_ 为子程序调用次数，若省略，则表示只调用 1 次。

子程序中还可以再调用其他子程序，实现多重嵌套调用。一个子程序应以"M99"作程序结束行，可被主程序多次调用，被调用的子程序最多可被重复调用 999 次。需要注意的是，在 MDI 方式下使用子程序调用指令是无效的。

程序示例如下：

O0003；(主程序)

M03 S300 T0101；

G00 X32；

Z8；

M98 P20004 L2；(调用子程序两次，切右端两槽)

G00 X32 Z-28；(左端槽切削起始点)

M98 P000；(调用子程序，切左端槽)

G00 X100；

Z100；

M30；

O0004；(子程序)

G00 W22；(相对左移22)

G01 U12 F0.1；

U12；(相对退刀至绝对X32处)

G00 W3；(相对右移3)

M99

任务七 数控铣床及加工中心编程基础

知识点一 概述

数控铣床是一种用途广泛的机床。加工中心是一种集成化的数控加工机床，是在数控铣床的基础上发展演化而成的，它集铣削、钻削、铰削、镗削及螺纹切削等工艺于一体，通常称为镗铣类加工中心，习惯称加工中心。

数控铣床和加工中心主要能铣削平面、沟槽和曲面，还能加工复杂的型腔和凸台，可进行钻削、镗削、螺纹切削等孔加工。数控铣床和加工中心主轴安装刀具，在加工程序控制下，安装工件的工作台沿着X、Y、Z三个坐标轴的方向运动，通过不断改变铣削刀具与工件之间的相对位置，可加工出符合图纸要求的工件。数控铣床和加工中心配置的数控系统不同，使用的指令在定义和功能上有一定的差异，但其基本功能和编程方法还是相同的。加工中心与数控铣床的不同之处在于加工中心配备了刀库与自动换刀装置，可实现自动换刀。

知识点二 数控铣床及加工中心的分类

根据主轴位置布置的不同，数控铣床可分为立式数控铣床和卧式数控铣床等。

按系统功能的不同，数控铣床可分为经济型数控铣床、全功能数控铣床，高速数控铣床和龙门数控铣床等。

按照机床形态及主轴布局形式,加工中心可以分为立式加工中心、卧式加工中心和龙门式加工中心。

按照换刀形式,加工中心可以分为带刀库机械手的加工中心、无机械手的加工中心(一般在小型加工中心上采用转塔刀库)。

知识点三　数控铣床及加工中心的功能特点

数控铣床主要有以下功能:
1) 平面直线插补功能;
2) 空间直线插补功能;
3) 平面圆弧插补功能;
4) 逼近圆弧插补功能。

加工中心具有以下工艺特点:
1) 加工精度高;
2) 表面质量好;
3) 加工生产效率高;
4) 工艺适应性高;
5) 劳动强度低、劳动条件好;
6) 经济效益良好;
7) 有利于生产管理的现代化。

知识点四　数控铣床及加工中心坐标系统

(1) Z 轴坐标运动

规定与主轴线平行的坐标轴为 Z 轴,并取刀具远离工件的方向为正方向。当机床有几根主轴时,则选取一个垂直于工件装夹表面的主轴为 Z 轴(如龙门数控铣床)。

(2) X 轴坐标运动

X 轴规定为平行于工件装夹表面的坐标轴。

(3) Y 轴坐标运动

Y 坐标轴垂直于 X、Z 坐标轴。当 X 轴、Z 轴确定之后,按右手笛卡儿直角坐标系判断,Y 轴方向就被唯一地确定了。

(4) 旋转运动 A、B 和 C

旋转运动用 A、B 和 C 表示,规定其分别为绕 X、Y 和 Z 轴旋转的运动。A、B 和 C 的正方向相应地表示在 X、Y 和 Z 坐标轴的正方向上,按右手螺旋法则确定。

知识点五　FANUC 系统加工中心编程原理

1. 程序结构

(1) 程序号

程序号作为程序的标记需要预先设定,程序号为字母 O 后面紧接阿拉伯数字(最多 8 个)。

(2) 程序段号

程序段号是每个程序功能段的参考代码,程序段号为字母 N 后紧接阿拉伯数字(最多 5 个)。

(3) 程序段

一个程序段能完成某一个功能,程序段中含有执行一个工序所需的全部数据,程序由若干个字和段结束符"LF"组成。例如:

/N10 G03 X10.0 Y30.0 CR=25.0 F100;(注释)
LF

其中,/——程序段在执行过程中可以被跳过;

N10——程序段号,主程序段中可以有字符;

G03——程序段具体指令;

(注释)——对程序段进行必要的说明;

LF——程序段结束。

(4) 坐标字

用于在轴方向移动和设置坐标系的命令称为坐标字。坐标字包括轴的地址符及代表移动量的数值。

知识点六　准备功能指令

1. 尺寸数据输入方式指令 G90/G91

G90/G91 用来指明坐标字中用的是绝对编程还是增量编程。

G90 为绝对坐标指令,表示程序段中的编程尺寸是按绝对坐标给定的;G91 为相对坐标指令,表示程序段中的编程尺寸是按相对坐标给定的。

2. 坐标平面选择指令 G17/G18/G19

在计算刀具长度补偿和刀具半径补偿时,必须首先确定一个平面,即确定一个两坐标轴的坐标平面,在此平面中可以进行刀具半径补偿。

G17 表示选择 XY 平面;G18 表示选择 ZX 平面;G19 表示选择 YZ 平面。

3. 英制/公制选择指令 G20/G21

G20 表示设定为英制尺寸,G21 表示设定为公制尺寸,这两个指令均为模态指令。

4. 快速点定位指令 G00

G00 的指令格式为 G00 X(U)_ Z(W)_ 。

5. 直线插补指令 G01

G01 的指令格式为 G01 X(U)_ Z(W)_ F_ 。

6. 圆弧插补指令 G02/G03

圆弧插补指令 G02/G03 是圆弧运动指令,用来指定刀具在给定平面内以某一进给速度作圆弧插补运动。G02/G03 是模态指令。

(1) 指令格式

指令格式为：

G02 X(U)_ Z(W)_ R_ F_

G02 X(U)_ Z(W)_ I_ K_ F_

G03 X(U)_ Z(W)_ R_ F_

G03 X(U)_ Z(W)_ I_ K_ F_

在指令格式中，I、J 为圆弧中心地址，R 为圆弧半径。

(2) 顺、逆时针圆弧插补的判断

在使用 G02 或 G03 指令之前，需要判别刀具在加工零件时的插补方向，其判别方法为：操作者视线沿着垂直于圆弧所在平面的坐标轴的负方向观察，刀具插补方向为顺时针即为 G02，逆时针则为 G03。

7. 暂停功能 G04

(1) 按时间计的暂停指令

按时间计的暂停指令为 G94 G04，其指令格式为：G94 G04 X_ 或 G94 G04 P_。

在每分进给方式 G94 下，指令 G04 按设定的时间延迟下一个程序段的执行。对于地址 P，不能用小数点，否则系统将忽略小数点后的部分。

(2) 按圈数计的暂停指令

按圈数计的暂停指令为 G95 G04，在每转进给方式 G95 下，指令 G04 按设定的圈数延迟下一个程序的段执行。对于地址 P，不能用小数点，否则系统将忽略小数点后的部分。

8. 刀具补偿功能

(1) 刀具长度补偿/取消

G43 为刀具长度正补偿；G44 为刀具长度负补偿；G49 为取消刀具长度补偿。

(2) 刀尖半径补偿/取消

刀具补偿地址 D 中的半径补偿值必须与 G41/G42 一起执行方能生效。

9. 可设定的零点偏置 G54~G59

G54 为第一可设定零点偏置；G55 为第二可设定零点偏置；G56 为第三可设定零点偏置；G57 为第四可设定零点保置；G58 为第五可设定零点偏置；G59 为第六可设定零点偏置。

10. 坐标系旋转功能指令

G68/G69 指令可使编程图形按照指定旋转中心及旋转方向旋转一定的角度，G68 表示开始坐标系旋转，G69 用于撤销旋转功能。

编程格式为：

G68 X_ Y_ R_

G69

其中，X、Y 为旋转中心的坐标值（可以是 X、Y、Z 中的任意两个，它们由当前平面选择指令 G17、G18、G19 中的一个确定）。当 X、Y 省略时，G68 指令认为当前的位置即为旋转中心。R 为旋转角度，逆时针旋转定义为正方向，顺时针旋转定义为负方向。

11. 比例及镜像功能

比例及镜向功能可使原编程尺寸按指定比例缩小或放大，也可让图形按指定规律产生镜像变换。G51 为比例编程指令，G50 为撤销比例编程指令。

（1）各轴按相同比例编程

各轴可以按相同比例编程。编程格式为：

G51 X_ Y_ Z_ P_

其中，X、Y、Z——比例中心坐标（绝对方式）；

P——比例系数。

（2）各轴以不同比例编程

各个轴可以按不同比例来缩小或放大。当给定的比例系数为-1 时，可获得镜像加工功能。编程格式：

G51 X_ Y_ Z_ I_ J_ K_

其中，X、Y、Z——比例中心坐标；

I、J、K——对应 X, Y, Z 轴的比例系数。

知识点七 主轴及辅助功能指令

1. 主轴功能指令

指令格式：

S_ M03（M04）

2. 辅助功能指令

（1）关于停止的辅助功能指令（M00，M01，M02，M30）

M00：程序停止。在程序执行过程中，系统读取到 M00 指令时，无条件停止程序执行，待重启动后继续执行。

M01：选择停止。在程序执行过程中，系统读取到 M01 指令时，有条件停止程序执行，待重启动后继续执行。

M02：程序结束。程序执行完毕，光标定位于程序结尾处。

M30：程序结束。程序执行完毕，光标返回至程序开始处。

（2）主轴旋转辅助功能指令（M03，M04，M05）

M03——主轴正转。

M04——主轴反转。

M05——主轴停止旋转。

（3）冷却控制辅助功能指令（M07，M08，M09）

M07——冷却气雾开。

M08——冷却液开。

M09——关闭冷却液、冷却气雾。

（4）子程序功能辅助功能指令（M98，M99）

M98——子程序调用。

M99——子程序结束。

知识点八　进给功能指令

1. 快速进给率

每个轴的快速进给率能够分别设定，可设定的快速进给率的范围为 1~240 000 mm/min。快速进给率应用 G00、G27、G28、G29、G30 和 G60 等指令。

2. 切削进给率

切削进给率必须用地址 F 和一个 8 位数字来指定。

3. 切削进给速度转换功能指令（G94/G95）

进给运动速度指令字的单位由切削进给速度转换功能指令（G94/G95）定义。

G94——定义分进给，即每分钟进给量（mm/min）。

G95——定义转进给，即每转进给量（mm/r）。

4. 刀具功能指令

刀具功能指令也叫 T 代码。此功能指令用来选择刀具号，对此数控系统，T 功能指令允许用地址 T 后跟 3 位数字，最多可设 1 000 个刀号（0~999）。

知识点九　固定循环切削功能指令

1. FANUC Series 0i-MD 固定循环功能

因数控系统的不同，固定循环的代码及其指令格式有很大区别，下面主要介绍 FANUC Series 0i-MD 数控系统的固定循环。

2. 固定循环动作

以立式数控机床加工为例。固定循环通常可分解为 6 个动作。

1）X 和 Y 轴快速定位到孔中心的位置上；

2）快速运行到靠近孔上方的安全高度平面（R 平面）；

3）钻孔，镗孔；

4）在孔底完成需要的动作；

5）退回到安全平面高度（R 点）；

6）快速退回到初始点的位置。

3. 固定循环指令格式

固定循环指令格式示例如下：

G90(G91) G99(G98) G73(~G89) X_ Y_ Z_ R_ Q_ P_ F_ S_ L_ ;

其中，G73~G89——孔加工方式指令；

G98——返回初始平面；

G99——返回 R 点平面；

X、Y——加工起点到孔位的距离（G91）或孔位坐标（G90）；

R——初始点到 R 点的距离（G91）或 R 点的坐标（G90）；

Z——R 点到孔底的距离（G91）或孔底坐标（G90）；

Q——每次进给深度（G73/G83）；

P——刀具在孔底的暂停时间；

F——切削进给速度；

K——固定循环的次数。

4. 各循环方式说明

1）G73，用于高速深孔钻削。每次背吃刀量为 Q（用增量表示，在指令中给定）；退刀量为 D，由数控系统内部通过参数设定。G73 指令在钻孔时是间歇进给，有利于断屑、排屑，适用于深孔加工。

2）G74，用于左旋攻螺纹。在执行过程中，主轴在 R 平面处开始反转直至孔底，到达后主轴自动转为正转，返回。

3）G76，用于精镗。

4）G81，一般钻孔循环，用于定点钻孔。

5）G82，用于钻孔、镗孔。动作过程和 G81 类似，但该指令将使刀具在孔底暂停，暂停时间由 P 指定。孔底暂停可确保孔底平整。G82 指令常用于锪孔，做沉头台阶孔。

6）G83，用于深孔钻削。Q、D 与 G73 相同。G83 和 G73 的区别是：G83 指令在每次进刀后都返回安全平面高度处，再下去做第二次进给，这样更有利于钻深孔时的排屑。

7）G84，用于右旋攻螺纹。G84 指令和 G74 指令中的主轴转向相反，其他和 G74 相同。

8）G85，用于镗孔。动作过程和 G81 一样，G85 进刀和退刀时都为进给速度，且回退时主轴照样旋转。

9）G86，用于镗孔。动作过程和 G81 类似，但 G86 进刀到孔底后将使主轴停转。然后快速退回安全平面或初始平面。由于退刀前没有让刀动作，快速回退时可能划伤加工表面，因此只用于粗镗。

10）G87，用于反向镗孔。刀具在 X、Y 轴定位后，主轴定向准停，刀具以反刀尖的方向进行偏移，并快速下行到孔底（即 R 平面高度）。在孔底处，顺时针启动主轴，刀具按原偏移量摆回加工位置，在 Z 轴方向上一直向上加工至孔终点（即孔底平面高度）。在此位置，主轴再次准停且刀具进行反刀尖偏移后向孔的上方移出。返回原点后，刀具按原偏移量摆正，主轴正转继续执行下一程序，循环动作。

11）G88，用于镗孔。加工到孔底后暂停，主轴停止转动，自动转换为手动状态；手动将刀具从孔中退出到返回点平面后，主轴正转，再转入下一个程序段自动加工。

12）G89，用于镗孔。此指令大致与 G86 相同，但在孔底有暂停。

需要注意的是，在使用固定循环指令前，必须使用 M03 或 M04 指令启动主轴；在程序格式段中，X、Y、Z 或 R 指令数据应至少有一个才能进行孔的加工；在使用带控制主轴回转的固定循环（如 G74、G84、G86 等）中，如果连续加工的孔间距较小，或初始平面到 R 平面的距离比较短时，会出现正式进入孔加工前，主轴转速还没有达到正常的转速的情况，影响加工效果。遇到这种情况时，应在各孔加工动作间插入 G04 指令，以获得时间，让主轴能恢复到正常的转速。

参 考 文 献

[1] 冯慧泽，岳彩旭，刘献礼等. 模具加工中刀具的选用［J］. 金属加工（冷加工），2014（13）：22-24.

[2] 李大国. 钳工实训教学改革的探索与思考［J］. 中国设备工程，2018（11）：212-214.

[3] 仇健，魏巍，葛任鹏等. 外圆车削中的切削力分力夹角与切削参数关系分析［J］. 制造技术与机床，2018（09）：53-56.

[4] 石子灿. 电化学放电线切割加工过程控制系统研究［D］. 苏州：江南大学，2018.

[5] 孙先成，邹阳，吴优等. 自由轮廓曲面铣削加工的表面尺寸误差补偿［J］. 机械设计与制造，2018（11）：124-127.

[6] 刘骥. 砂带磨削金属材料的工艺与机理分析［J］. 求知导刊，2015（05）：58.

[7] 孙小刚，张世免. 焊接技术与工程专业教学改革研究［J］. 科技风，2018（33）：137+140.

[8] 仓宁宁. 数控车床加工精度评估技术研究［J］. 价值工程，2018（35）：243-244.